中等职业教育“十二五”规划教材

中等职业教育公共通识课规划教材系列

电工作业

主　编　梁燕清

副主编　傅明伟　郑　毅

電子工業出版社

Publishing House of Electronics Industry

北京·BEIJING

内容简介

本书分为两篇：理论篇和实训篇。理论篇包括安全用电、直流电路、正弦交流电路、电磁电器、常用低压电器、继电器—接触器控制系统等内容，其中每一章都给出了习题；实训篇共包括万用表的使用、直流电路—验证叠加原理及戴维南定理等8个必备的实验技能项目。

本书是在总结我国近年来高职高专教育教学改革期经验的基础上编写的。特点是结合实际工作、就业需要、岗位知识和技能，以培训技能型实用人才为目标。教学内容易于理解，突出针对性和应用性。

本书适用于两年制或三年制高职高专院校学生，也可作为从事相关行业的工程人员的参考资料。

图书在版编目（CIP）数据

电工作业 / 梁燕清主编. —北京：电子工业出版社，2013.9
ISBN 978-7-121-21408-0

Ⅰ. ①电… Ⅱ. ①梁… Ⅲ. ①电工技术 Ⅳ. ①TM

中国版本图书馆 CIP 数据核字（2013）第 210884 号

策划编辑：祁玉芹
责任编辑：鄂卫华
印　　刷：中国电影出版社印刷厂
装　　订：中国电影出版社印刷厂
出版发行：电子工业出版社
　　　　　北京市海淀区万寿路 173 信箱　邮编 100036
开　　本：787×1092　1/16　印张：10.5　字数：255 千字
版　　次：2013 年 9 月第 1 版
印　　次：2016 年 8 月第 4 次印刷
定　　价：22.00 元

凡所购买电子工业出版社图书有缺损问题，请向购买书店调换。若书店售缺，请与本社发行部联系，联系及邮购电话：（010）88254888。

质量投诉请发邮件至 zlts@phei.com.cn，盗版侵权举报请发邮件至 dbqq@phei.com.cn。

服务热线：（010）88258888。

前　　言

随着现代电工技术的飞速发展，以及中等职业教育改革的不断深入，而教材作为体现教学内容、教学方法、教学手段的载体之一，传统的学科体系式教材已经越来越不能适应中等职业教育的培养目标，也应按教学改革精神进行相应的改革，以体现职业教育的特点，突出以能力培养为中心的培养目标。

本书是根据教育部最新制定的高职高专教育电路基础课程教学基本要求编写的，由在教学一线工作多年的优秀老师编写，在结构、内容安排等方面，吸收了编者多年来在电路学习研究及教学过程中取得的经验，力求全面体现高等职业教育的特点，满足当前教学的需要。

为适应当今社会对高职毕业生知识面宽、适应性强的复合型人才的要求，本书特别注意删去老化的知识，尽量多介绍电工有关新知识和新技术，使学生能学到新颖的、实用的知识。在内容选择上，重视基本概念、基本定律、基本分析方法的介绍，重点介绍其运用，淡化复杂的理论分析。本书分为两篇：理论篇和实训篇。理论篇包括安全用电直流电路、正弦交流电路、电磁电器、常用低压电器、继电器—接触器控制系统等内容，其中每一章都给出了习题，实训篇共包括万用表的使用、直流电路—验证叠加原理及戴维南定理等 8 个必备的实训技能项目。

本书内容层次清晰、循序渐进，力求使学生对基本理论能系统、深入地理解，进而能尝试运用，为今后的学习奠定基础，同时注重分析问题、解决问题能力的培养。本书适用于两年制或三年制高职高专院校学生，也可作为从事相关行业的工程人员。

本书由梁燕清主编，傅明伟、郑毅副主编，参加编写的人员还有麦祝云、杨兴源、吴海春、王宇丽、陈耀莺、李艳萍、李树毅和黄芝焕等。

由于作者水平有限，加之编写时间仓促，不足之处在所难免，望广大读者提出宝贵意见，以便进一步修订，不断提高教材编写水平，满足读者需要。

编　者

2013 年 5 月

目　录

理　论　篇

第3章 正弦交流电路........39

第4章 电磁电路........59

实 训 篇

理　论　篇

第1章 安 全 用 电

随着生活水平的不断提高，人们使用的电器设备日益增加。因此，我们必须懂得一些安全用电的常识和技术，做到正确使用电器，防止人身伤害和设备损坏事故，避免造成不必要的损失。

1.1 安全用电常识

1.1.1 安全电流与电压

当人体触及到危险的电压时，就会有电流流过人的身体，一般认为 50 Hz 交流电超过 10 mA 或直流电流超过 50 mA 时，就使人难以独自摆脱电源，而招致生命危险。

通过人体的电流的大小，取决于所受电压的高低和电阻的大小，人体电阻各处都不一样，其中肌肉和血液的电阻较小。皮肤的电阻最大，干燥的皮肤电阻约为 10 000 Ω～100 000 Ω。人体的电阻还与触电持续时间有关，时间越长，电阻越小。一般情况下人体电阻按 1000 Ω 计算，此外，皮肤的潮湿程度对电阻的影响也很大。

因此，触电的电压高低、时间长短和触电时的情况是决定触电伤害的主要因素。一般认为，通过人体的电流为 50 mA 时，是一个危险致命的极限。所以在人体皮肤干燥时，65 V 以上的电压是危险的，潮湿时 36 V 以上的电压就有危险。在一般情况下，规定 36 V 为安全电压，在特别潮湿的环境里，以 24 V 或 12 V 为安全电压。

1.1.2 几种触电方式

图 1-1 所示给出了三种触电情况，图 1-1（a）所示是双线触电，当人体同时接触两根火线，不论电网的中性点是否接地，人体受到的电压是线电压，通过人体的电流很大，是最危险的触电事故。图 1-1（b）所示是电源中性线接地时的单线触地情况，这时人体在相电压之下，电流经过人体、大地和电网中性点的接地而形成一个闭合回路，仍然非常危险。图 1-1（c）电源中性线不接地时，因火线与大地间分布电容的存在，使电流形成了回路，也是很危险的。

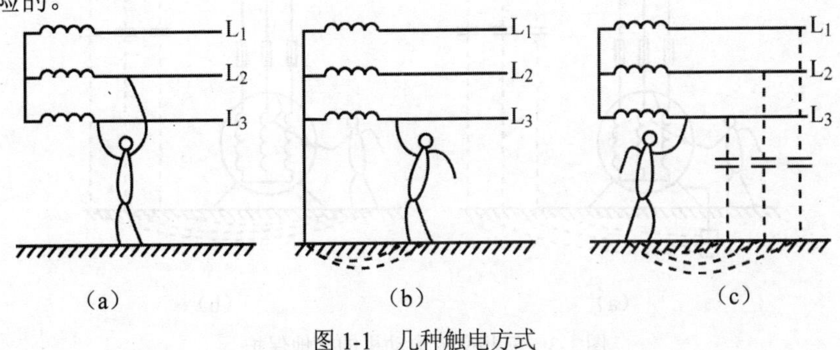

图 1-1 几种触电方式

1.2 防触电的安全技术

1.2.1 接零保护

把电器设备的外壳与电源的零线连接起来，称为接零保护，这种方法适用于1 000 V的中性点接地良好的三相四线制系统中。采取过零保护措施后，当电器设备绝缘损坏时，相电压经过机壳到中性线，形成通路，产生的短路电流使熔断器熔断，切断电源，从而防止了人身触电的可能性，如图 1-2 所示。

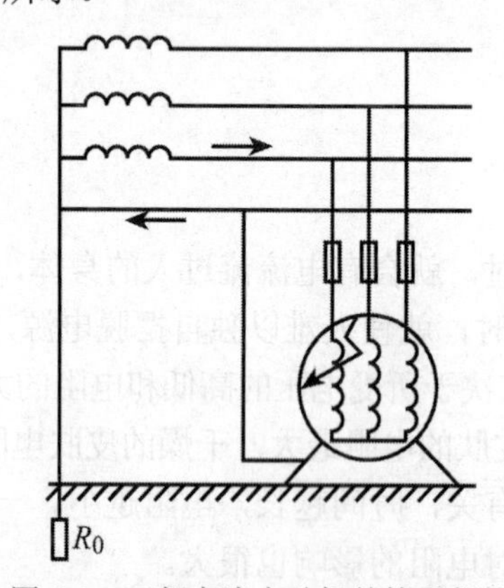

图 1-2 三相交流电动机的接零保护

1.2.2 接地保护

把电器设备的金属外壳和与外壳相连的金属构架用接地装置与大地可靠地连接起来，称之为接地保护。接地保护一般用在 1000 V 以下的的中性点不接地系统电网中，如图 1-3（a）所示为三相交流电动机的接地保护。由于每根相线与地之间都存在部分电容，当电动机绕组碰壳时，碰壳的一相将通过电容形成电流。但因为人体电阻比接地电阻大很多，所以几乎没有电流通过人体，人身就没有危险了。但若机壳不接地，如图 1-3（b）所示，则碰壳的一相和人体、分布电容形成回路，人体中将有较大的电流通过，就有触电的危险。

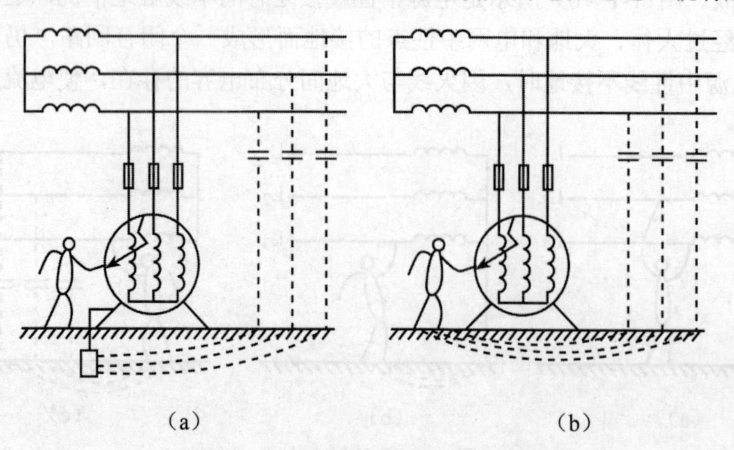

（a）　　（b）

图 1-3 三相交流电动机的接地保护

1.2.3 三孔插座和三极插头

单相电器设备使用此种插座、插头，能够保证人生安全。由于设备外壳与保护零线相连，即使人体触及带电外壳，也不会有触电危险，如图 1-4 所示。

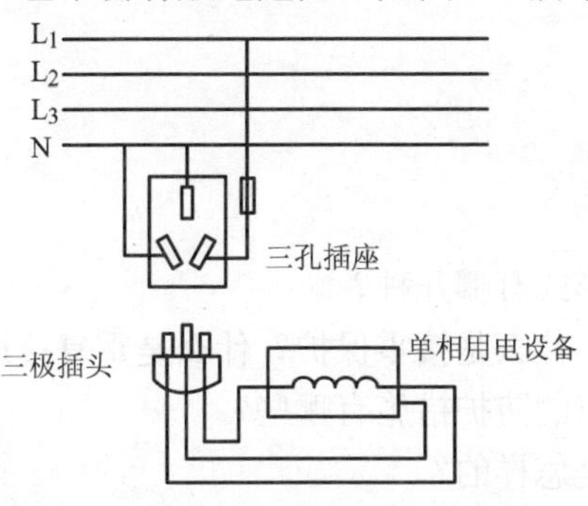

图 1-4 三孔插座和三极插头接地

1.3 安全用电的注意事项

预防触电除采取上述的保护外，最重要的是遵守安全规程和操作规程，常见的触电事故，大部分是因为疏忽大意或不重视安全用电造成的，所以应该特别注意下列常识。

① 在任何情况下都不得直接用手来鉴定导线和设备是否带电，在低压 380 V / 220 V 系统中可用验电笔来鉴定。

② 用手初测电动机温度时，应用手背接触电动机外壳，不可用手掌，以免万一外壳有电，使手肌肉紧张反而会紧握带电体，造成触电事故。

③ 经常接触的电器设备，如机床上的照明灯等，应使用 36 V 以下的安全电压。在金属容器内或特别潮湿的环境工作时，电压不得超过 12 V。

④ 更换熔丝或安装、检修电器设备时，应先切断电源，切勿带电操作。

⑤ 进行分支线路检修时，打开总电源开关后，还应拔下熔断器，并在切断的电源开关上挂上“有人工作，不准合闸”的标志。如有多人进行电工作业，接通电源前应切实通知到每一个人。

⑥ 电动机、照明设备拆除后，不能留有可能带电的电线，如果电线必须保留，应将电源切断，并将裸露的线头用绝缘布包好。

⑦ 闸刀开关必须垂直安装，静触点在上方，可动闸刀在下方。这样当闸刀拉开后不会再造成电源接通现象，避免引起意外事故。

⑧ 电灯开关应接在相线上，用螺丝口灯头时，不可把相线接在跟螺旋套相连的接线桩上，以免在调换白炽灯时发生触电。

⑨ 定期检修电器设备，发现温度升高或绝缘下降时，应及时查明原因，消除故障。

⑩ 在配电屏或启动器的周围地面上，应放上干燥木板或绝缘橡胶毯，供操作者站立。

本章小结

本章主要学习了安全用电常识，了解触电的几种形式，分析了防触电的技术措施以及安全用电的注意事项。

练习题

（1）常见的几种触电形式有哪几种？

（2）什么是接地保护？什么是接零保护？什么是重复接地保护？

（3）防止直接接触电击的防护措施有哪些？

（4）安全电压的定义是怎样的？

第2章　直流电路

直流电路是电工学中最重要的基础。本章主要涉及电工学的理论基础，包括电路的组成及作用，电路的基本物理量，电路元件的电流、电压关系和电路的基本定律和定理。然后介绍电阻器、电压源和电流源等电路元器件的特性，同时阐明基尔霍夫电流定律和基尔霍夫电压定律，最后介绍线性电路的叠加原理和戴维南定理。

2.1　电路及其主要物理量

2.1.1　电路的组成和作用

1. 电路的组成

电路是为了完成某种功能，将电气元件或设备按一定方式连接起来而形成的系统，通常用以构成电流的通路。从日常生活中使用的用电设备到工、农业生产中用到的各种生产机械的电气控制部分及计算机、各种测试仪表等，从广义上说，都是实际的电路。最简单的电路如图 2-1（a）所示的手电筒电路。

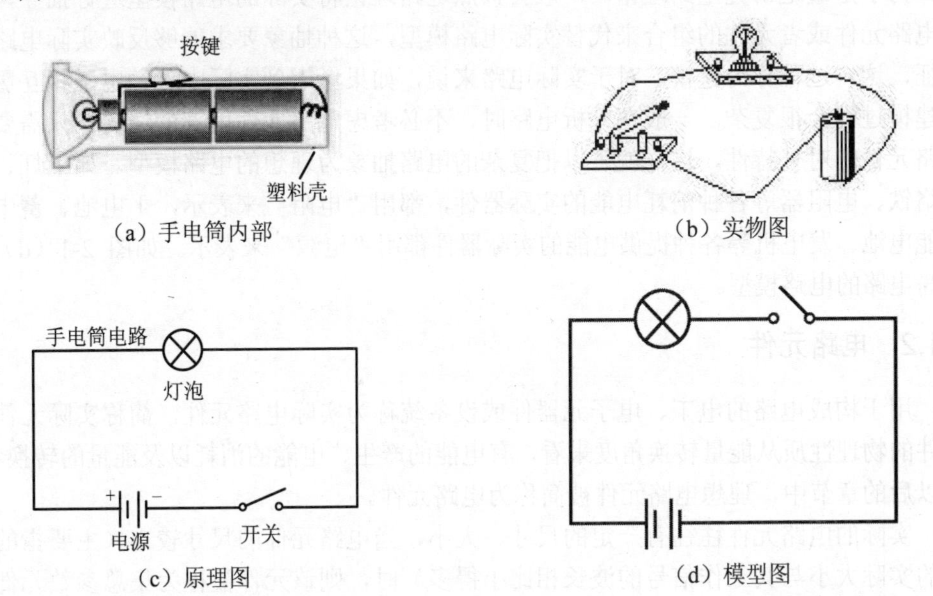

图 2-1　手电筒电路

从图 2-1 所示的手电筒电路可知，电路主要由电源（如干电池、蓄电池等）、负载（如白炽灯、电阻等）、中间环节（导线、开关等）三个部分组成。

（1）电源

供给电路电能的设备，凡向电路提供能量或信号的设备称为电源。它将化学能、光能、机械能等非电能转换为电能，如干电池、蓄电池、太阳能电池、发电机等。

（2） 负载

指的是各种用电的设备，它将电能转换成其他形式的能量，如电灯、电炉、电烙铁、电动机等。

（3） 中间环节

指的是它把电源和负载连接起来的部分，起传输和分配电能或对电信号进行传递和处理的作用，如导线、开关等。

2. 电路的作用

电路的种类可以从很多种角度来划分，但从电路的功能来说，一般分为两种：一种是实现电能的传输和转换；另一种是进行信息的传递与处理。电路的作用不同，对其提出的技术要求也不同，前者较多地侧重于传输效率的提高，后者多侧重于信号在传递过程中的保真、运算的速度和抗干扰等。通常，前者所研究电路的电压、电流相对较高，称为强电；后者所研究电路的电压、电流则相对较低，称为弱电。此外，实际应用中的电路还可以按照其相数分为三相和单相，按照电流性质又分为直流电和交流电等。

3. 电路模型

为了定量地研究电路理论，一般会按照电路理论将实际的电路模型进行抽象，以理想的电路元件或者元件的组合来代替实际电路模型，这种抽象要求能够反映实际电路的本质特征，这一过程称为建模。对于实际电路来说，如果考虑到实际中各种电磁相互影响，则在建模过程会很复杂。一般在分析电路时，不必考虑电路元件内部的情况，只需要考虑各电路元件的对外特性，这样就可以把复杂的电路抽象为理想的电路模型。如电灯、电炉、电烙铁、电阻器等各种消耗电能的实际器件，都用“电阻”来表示，干电池、蓄电池、太阳能电池、发电机等各种提供电能的实际器件都用“电源”来表示。如图 2-1（d）便是手电筒电路的电路模型。

2.1.2 电路元件

用于构成电路的电工、电子元器件或设备统称为实际电路元件，简称实际元件。实际元件的物理性质从能量转换角度来看，有电能的产生、电能的消耗以及能量的转换和存储。在以后的章节中，理想电路元件被简称为电路元件。

实际的电路元件往往有一定的尺寸、大小，当电路元件的尺寸较小（主要指的是该元件的实际大小与其工作信号的波长相比小得多）时，则该元件被称为集总参数元件，简称集总元件。一般的，集总（参数）元件是指：在任何时刻，流入二端元件的一个端子的电流一定等于从另一端子流出的电流，两个端子之间的电压为单值量。由集总元件构成的电路称为集总电路，或叫具有集总参数的电路。本书所讨论的电路元件均认为是集总元件。

用来表示不同物理性质的理想电路元件主要有恒压源 U_S、恒流源 I_S、电阻元件 R、电容元件 C 及电感元件 L。表 2-1 是它们的电路模型图形符号。它们是电路结构的基本模型，由这些基本模型构成电路的整体模型。

表 2-1　常用电路元件符号

直流电流 E		电容 C		开关 S	
固定电阻 R		电压源 U_S		熔断器 S	
可变电阻 Rp		电流源 I_S		电压表	V
电感 L		电灯 E_L		电流表	A

2.1.3　电路的主要物理量及电流、电压的参考方向

如何分析图 2-1 所示电路的性能？通常应用电流、电压和功率这三个基本物理量。

1.　电流

（1）　电流的形成

电荷的有规则运动形成电流。在导体中，带负电的自由电子在电场力的作用下，逆电场方向运动而形成电流。电流的方向规定为正电荷的运动方向，如图 2-2 所示。

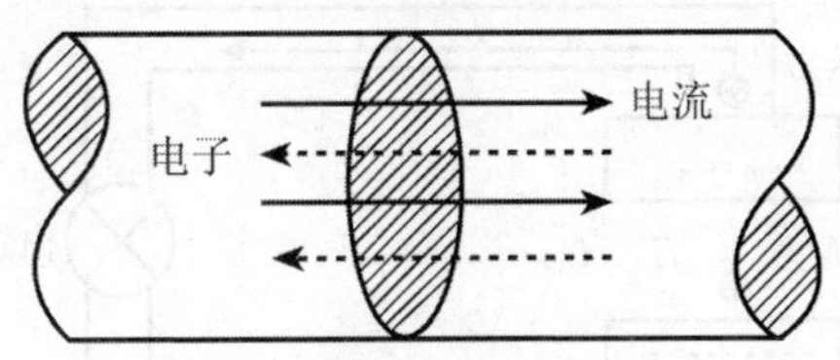

图 2-2　导体中的电子与电流

表征电流大小的物理量为电流。电流是指单位时间内通过导体横截面的电荷量。大小和方向都不随时间变化的电流称为恒定电流，也称为直流电，用 I 表示。大小和方向随时间变化的电流称为交变电流，简称交流电，用 i 表示。直流电流定义为

$$I = \frac{q}{t} \tag{2.1.1}$$

式中 q 是时间 t 内通过导体横截面保持恒定的电荷量。电流的单位为 A（安[培]），还有 kA（千安）、mA（毫安）、μA（微安）等。

（2）　电流的参考方向

电流的实际方向在物理学中已做过明确的规定：电路中电流的流动方向是指正电荷移动的方向，但在分析电路时，电流的实际方向有时很难立即判定，有时电流的方向还在变化，因此在电路中很难标明电流的实际方向。可以借助“参考方向”来解决这一问题。所谓电流的参考方向，就是在电路中假定电流的方向来作为分析和计算电路的参考。如在图 2-3（a）中，假定电流参考方向由 a 指向 b，因电流的实际方向与参考方向一致，由 a 流向 b，则表示 $I>0$；在图 2-3（b）中，电流参考方向由 a 指向 b，因电流的实际方向与参考方向相反，由 b 流向 a，则表示 $I<0$。

参考方向也称正方向，除了用箭头标示外，还可以用双下标表示。如图 2-3（a）中的

电流可以写为 I_{ab}，（b）中的电流可以写为 I_{ba}。

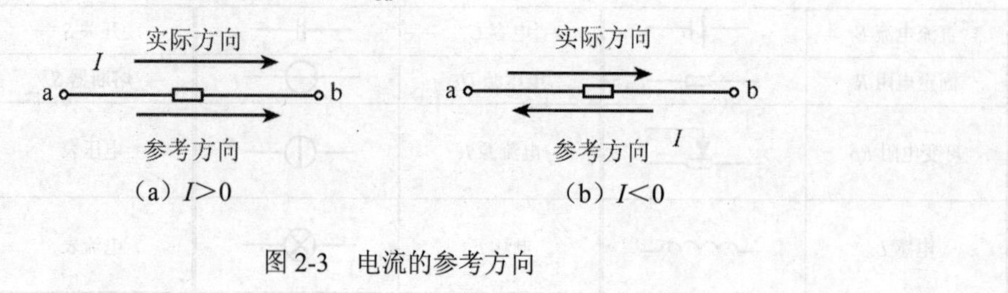

图 2-3　电流的参考方向

2. 电压

图 2-1 手电筒电路中，白炽灯的发光是因为白炽灯中有电流通过，其两端存在电压，即白炽灯两端的电位不同，而这正是由电源（干电池）所引起的。

（1） 电压

由电场知识可知，电场力能够移动电荷做功。在图 2-4 中，极板 a 带正电，极板 b 带负电，a、b 间存在电场。极板 a 上的正电荷在电场力的作用下从 a 经过白炽灯移到极板 b，从而形成了电流，使白炽灯发光，这说明电场力做功产生了电流。

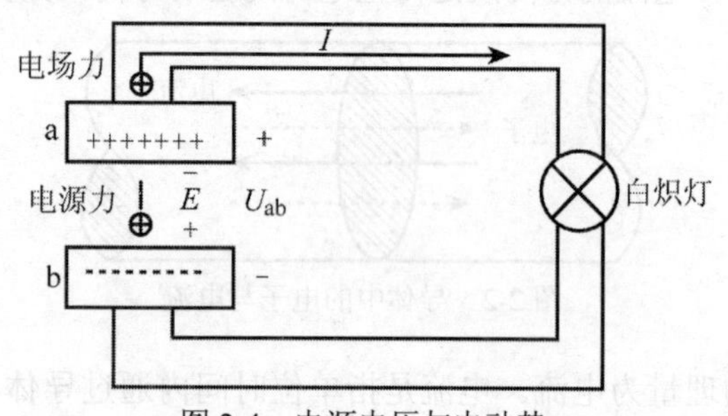

图 2-4　电源电压与电动势

用物理量电压来衡量电场力做功的能力，其定义为：单位正电荷 q 从 a 点移动到 b 点电场力所做的功为 W_{ab}，则电压 U_{ab} 为

$$U_{ab}=\frac{W_{ab}}{q} \tag{2.1.2}$$

电压单位为 V（伏[特]），还有 kV（千伏）、mV（毫伏）、μV（微伏）等。

（2） 电位

在图 2-4 中，当电场力移动正电荷从 a 经过白炽灯到 b 时，就将电能转换为光能，所以正电荷在 a 点具有比 b 点更大的能量。把单位正电荷在电路中某点所具有的能量称为该点的电位，用 V 表示，如 a 点的电位为 V_a，b 点的电位为 V_b。由此可知电路中两点之间的电压就是该两点的电位之差，即

$$U_{ab}=V_a-V_b \tag{2.1.3}$$

为便于分析，在电路中常任选一点为参考点，其参考电位为零，则电路中某点与参考点之间的电压就是该点的电位。电压方向规定为由高电位指向低电位，即电位降方向。在电路分析中，也常选取电压的参考方向，当电压的实际方向与参考方向一致时，电压为正，即 $U_{ab}>0$；反之，电压为负，即 $U_{ab}<0$，如图 2-5（a）、（b）所示。为方便应用与计算，常将

某一元件上的电流参考方向和电压参考方向选取一致，即选取成关联参考方向，如图 2-5（c）所示。

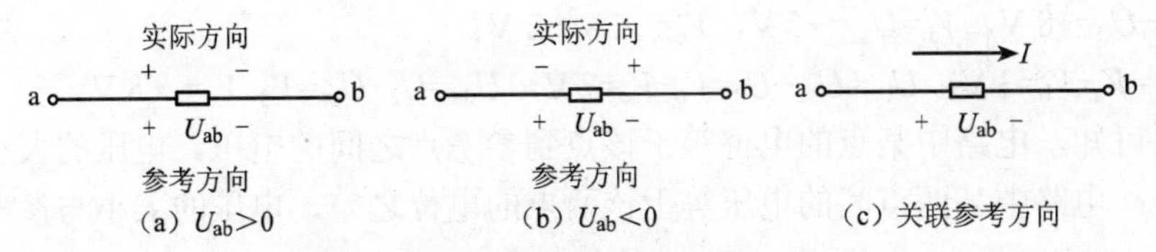

图 2-5 电压的参考方向与关联参考方向

在分析电路时，尤其是分析电阻、电感、电容等元件的电流、电压关系时，经常采用关联参考方向。例如在应用欧姆定律时必须注意电流、电压的方向。如图 2-6（a）中的电流、电压采用了关联参考方向，这时电阻器 R 两端的电压为：$U=RI$。

若采用非关联参考方向（见图 2-6（b）），则电阻器 R 两端的电压为：$U=-RI$。

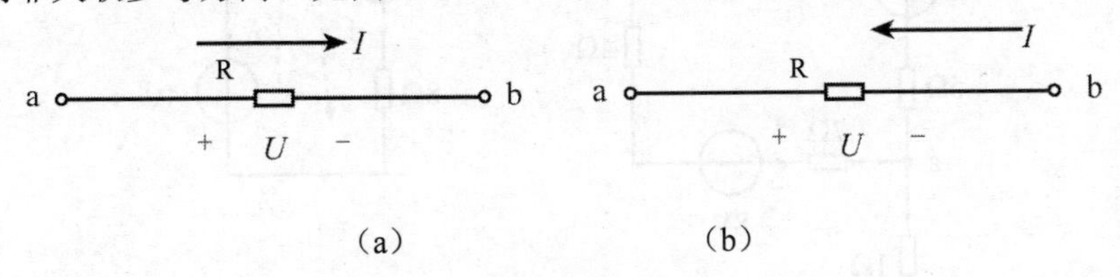

图 2-6 关联与非关联参考方向

（3） 电动势

在图 2-4 中，为维持电路中的电流流通而使白炽灯不断发光，则必须保持电路 a、b 两端间的电压 U_{ab} 恒定不变，这就需要电源力（非电场力）源源不断地把正电荷由负极 b 移向正极 a。维持 U_{ab} 不变的这一装置称为电源。电源力克服电场力移动正电荷从负极到正极所做的功，用物理量电动势来衡量。电动势在数值上等于电源力把单位正电荷从负极 b 经电源内部移到正极 a 所做的功，用 E 表示，即

$$E=\frac{W_{ba}}{q} \tag{2.1.4}$$

电动势的方向电负极指向正极，即电位升方向，其电位也是 V。

例 2.1.1 电路如图 2-7 所示，电源电压 U_{S1}=10 V，U_{S2}=5 V，电阻电压 U_1=3 V，U_2=2 V。分别取 c 点和 d 点为参考点，求各点电位及电压 U_{ab}、U_{bc} 和 U_{da}。

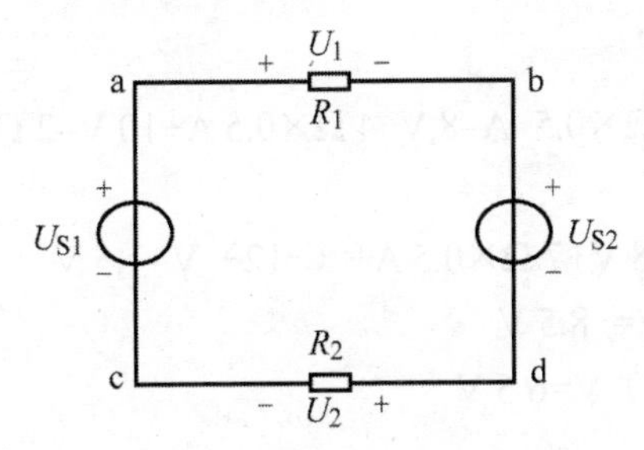

图 2-7 电路电压和电位的计算

解：① 当选取 c 点为参考点，则 V_c=0 V。

$V_a=U_{s1}$=+10 V，$V_b=-U_1+U_{s1}$=+7 V，$V_d=U_2$= +2 V；$U_{ab}=U_1=V_a-V_b$=3 V，$U_{bc}=U_{s2}+U_2=V_b$=7 V，

$U_{da}=U_2-U_{s1}=V_d-V_a=-8$ V。

② 当选取 d 点为参考点，则 $V_d=0$ V。

$V_a=U_{s1}-U_2=+8$ V，$V_b=U_{s2}=+5$ V，$V_c=-U_2=-2$ V；

$U_{ab}=U_1=V_a-V_b=3$ V，$U_{bc}=U_{s2}+U_2=V_b-V_c=7$ V，$U_{da}=U_2-U_{s1}=V_d-V_a=-8$ V。

由本题可知，电路中某点的电位等于该点到参考点之间的电压，电压的大小与参考点的选择有关；电路中某两点间的电压等于该两点的电位之差，电压的大小与参考点的选择无关。

例 2.1.2 电路如图 2-8 所示，试求电压 U_{mn} 以及电位 V_a、V_b、V_c 和 V_d。

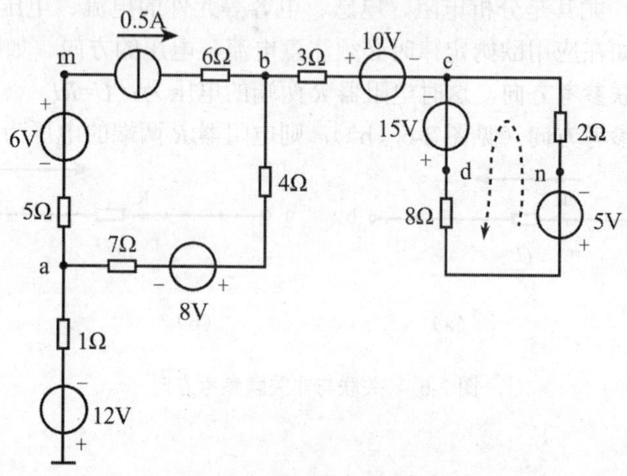

图 2-8 电压和电位电路图

分析：电路中任意两点间电压的求解分三步，即找有向路径，求路径上的分电压，将分电压沿路径方向求和。电位的计算实质上是求电压，有两种方法：①$V_a=V_{ao}$（O 点为参考点）；② $V_a=U_{ab}+V_b$（V_b 已知）。

另外还需要强调的有：

① 找路径时不能经过断开的开关及恒流源，因为这两种情况下的分电压不能由元件自身特性所确定；

② 对分电压求和时的各分电压的参考方向应取路径方向。

解：由闭合电路欧姆定律得

$$I=\frac{15\text{ V}-5\text{ V}}{8\Omega+2\Omega}=1\text{A}$$

$U_{mn}=6\text{ V}-5\ \Omega\times0.5\text{ A}-7\ \Omega\times0.5\text{ A}-8\text{ V}-4\ \Omega\times0.5\text{ A}+10\text{ V}-2\ \Omega\times1\text{ A}=-2\text{ V}$

$V_a=-12$ V

$V_b=U_{ba}+V_a=4\ \Omega\times0.5\text{ A}+8\text{ V}+7\ \Omega\times0.5\text{ A}+(-12)\text{ V}=1.5\text{ V}$

$V_c=U_{cb}+V_b=-10\text{ V}+1.5\text{ V}=-8.5\text{ V}$

$V_d=U_{dc}+V_c=15\text{ V}+(-8.5)\text{ V}=6.5\text{ V}$

3. 功率

由图 2-4 电路可知，在电流流通的同时，电路内发生了能量的转换。在电源内部，电源力不断地克服电场力对正电荷做功，正电荷在电源内获得了能量，由非电能转换成电能。

在外电路（电源外的电路部分）中，正电荷在电场力的作用下，不断地通过负载（白炽灯）把电能转换为非电能。

由式（2.1.2）可知，电场力所做的功为 $W_{ab}=U_{ab}q$，将单位时间内电场力所做的功定义为功率，即

$$P=\frac{W}{t} \tag{2.1.5}$$

功率的单位为 W（瓦[特]），应用中还有 MW（兆瓦）、kW（千瓦）、mW（毫瓦）等。

在电力工程中，常常需要计算电能（$W=Pt$），电能的单位为 J（焦[耳]），有时也用 kW·h（千瓦小时）表示。1kW·h 就是指 1 千瓦功率的设备，使用 1 小时所消耗的电能，1kW·h 俗称 1 度电。例如一台 1kW 的热水器，使用 1 小时，耗电 1 度。

$$1\text{kW}\cdot\text{h}=3\ 600\ 000\ \text{J}$$

2.1.4 电路的三种工作状态

电路的工作状态有三种：通路、开路和短路。

1. 通路

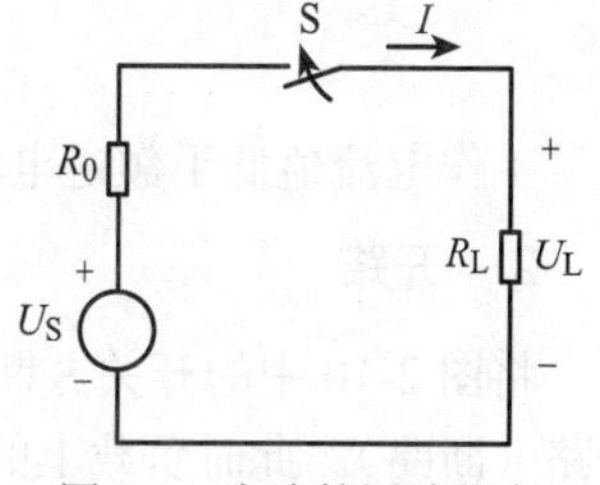

图 2-9 电路的通路状态

将图 2-9 中的开关 S 闭合，电路中就有电流和能量的传输与转换。电源处于有载工作状态，电路形成通路。图中 U_S 为电源电压，R_0 为电源内阻，R_L 为负载电阻。其中：

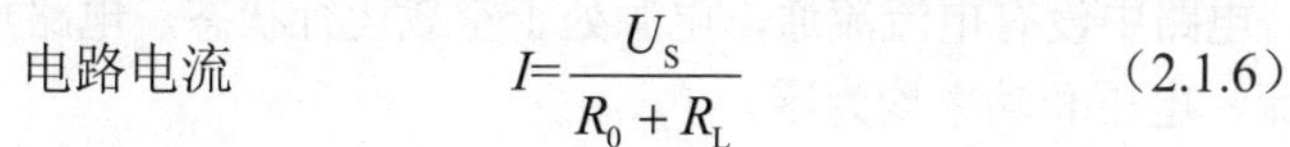

电路电流 $$I=\frac{U_S}{R_0+R_L} \tag{2.1.6}$$

负载电压 $$U_L=R_LI \tag{2.1.7}$$

负载消耗功率 $$P=R_LI^2 \tag{1.1.8}$$

各种电器设备在工作时，其电流、电压和功率都有一定的限额，这些限额是用来表示它们的正常工作条件和工作能力，称为电气设备的额定值。额定值主要有额定电流 I_N、额定电压 U_N 和额定功率 P_N。额定电流是指电气设备在长期运行时所允许通过的最大电流，额定电压是指电气设备在长期运行时所允许承受的最高电压，额定功率是指电气设备正常运行时的输入功率或输出功率。额定值通常标明在铭牌上，如白炽灯“220 V，40 W”、电阻器“500 kΩ，1/4 W”等，使用时必须注意不使其实际值超过额定值。如果实际值超过额定值，将会引起电气设备的损坏或降低使用寿命。如白炽灯会因电压过高或电流过大而烧毁灯丝。如果实际值低于额定值，就不能充分利用电气设备的能力或得不到正常合理的工作，如白炽灯会因电压过低或电流过小而发暗。电气设备在额定值下工作时称为“满载”工作状态，超过额定值时称为“超载（或过载）”工作状态，低于额定值时称为“轻载（或欠载）”工作状态。用电设备在额定工作状态时是最经济合理和安全可靠的，并能保证有效使用寿命。

例 2.1.3 一只标有“220 V，60 W”的白炽灯，试分析接在下列三种情况下的工作状态：① 电源电压为 220 V；②电源电压为 380 V；③电源电压为 110 V。

解：①白炽灯的额定电压是 220 V，额定功率是 60 W，额定电流则为

$$I_N=\frac{P_N}{U_N}=\frac{60}{220}=0.273\ \text{A}=273\ \text{mA}$$

白炽灯电阻为 $$R=\frac{U^2}{P_N}=\frac{220^2}{60}=807\ \Omega$$

工作值与额定值一致，满载运行，发光正常，使用安全，保证有效使用寿命。

② 电源电压为 380 V 时，白炽灯的工作电流、损耗功率为

$$I=\frac{U}{R}=\frac{380}{807}=0.471\ \text{A}>0.273\ \text{A}$$

$$P=\frac{U^2}{R}=\frac{380^2}{807}=179\ \text{W}$$

工作电流值超过额定电流值，过载运行，发光过亮，寿命缩短，甚至烧断钨丝而损坏。

③ 电源电压为 110 V 白炽灯的工作电流、损耗功率为

$$I=\frac{U}{R}=\frac{110}{807}=0.136\ \text{A}=136\ \text{mA}$$

$$P=\frac{U^2}{R}=\frac{110^2}{807}=15\ \text{W}$$

工作电流值低于额定电流值，欠载运行，发光过暗，效能不能充分发挥。

2. 开路

将图 2-10 中的开关 S 断开，电路中没有电流流通，电源处于空载运行状态，电路形成开路（断路）。此时负载上的电流、电压和功率均为零。

3. 短路

当电源的两个输出端由于某种原因直接接触时，电源就被短路，电路处于短路运行状态，如图 2-11 所示。此时电路电流为

$$I_S=\frac{U_S}{R_0} \tag{2.1.9}$$

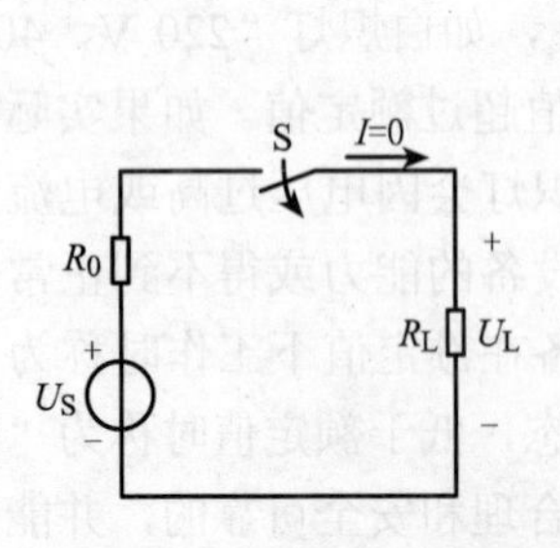

图 2-10 电路的开路状态

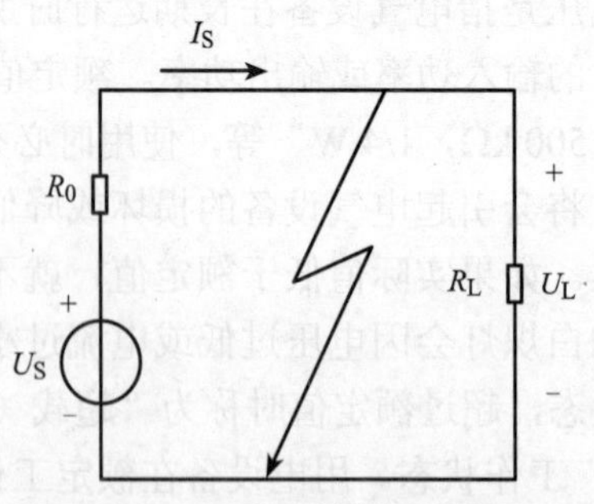

图 2-11 电路的短路状态

I_S 称为短路电流，一般电源内阻 R_0 很小，故 I_S 很大。短路时，负载中的电流，负载上电压、功率均为零，电源所产生的功率全部消耗在内阻上。因此，电源短路会造成严重后果，烧坏供电设备和引发火灾。为此应力求避免电源短路，在电路中常接入熔断器等短路保护装置。

在低压电路中，最简单经济的保护方法就是在电路中串接熔断器（俗称保险丝）。熔断器起到使被保护电路安全运行的作用，如果电流在允许的额定电流范围内，电路畅通；如果发生短路故障，熔断器内的熔丝最先熔断，起到迅速自动切断电源的作用。常用的熔丝是由低熔点的铅锡合金制成的，温度在 200℃～300℃时就能熔化，熔断电流等于额定电流的 1.3～2.1 倍。熔丝的种类很多，每种熔丝都有一定的额定电流，必须正确选用。选用熔丝的最基本原则为：

① 电灯与电热线路（如电炉、电烙铁、电热器具等），熔丝的额定电流应为用电设备额定电流的 1.1 倍。

② 一台电动机线路，熔丝的额定电流应为电动机额定电流的 1.5～3 倍。

③ 多台电动机线路，熔丝的额定电流应为 1.5～3 倍功率最大的一台电动机的额定电流与工作中同时运行的数台电动机额定电流之和。

④ 当家庭的用电设备总功率之和不超过 2200 W 时，可以选用 10 A 的熔丝，一旦通过它的电流超过 14 A 时，熔丝就会在 1 分钟内自动熔断，达到保护家庭用电设备的目的。

2.2 电路的基本定律

2.2.1 欧姆定律

1. 导体的电阻

实验证明，导体对电流的通过具有一定的阻碍作用，称为导体的电阻，用 R 表示，单位为 Ω（欧［姆］）。不同的导体有不同的电阻，导体电阻的计算公式为

$$R=\rho\frac{L}{S} \tag{2.2.1}$$

式中 L 为导体的长度，单位为 m（米）；S 为导体的截面积，单位为 m^2（平方米）；ρ 为导体的电阻率，单位为 Ω • m（欧 • 米）。

物质按导电能力可分为三类：导体、半导体和绝缘体，如图 2-12 所示。在外电场的作用下，能很好地传导电流的材料称为导体，电阻率 $\rho<10^{-5}\,\Omega\cdot m$，如金属、酸碱盐类的水溶液等。在外电场的作用下，不容易传导电流的材料称为绝缘体，电阻率 $\rho>10^{5}\,\Omega\cdot m$，如塑料、陶瓷、橡胶、玻璃等。导电能力介于导体和绝缘体之间，电阻率会随着所含杂质和外界条件（如压力、温度、光照等）的改变而发生显著变化的材料称为半导体，如硅、锗、砷化镓及一些金属氧化物等。

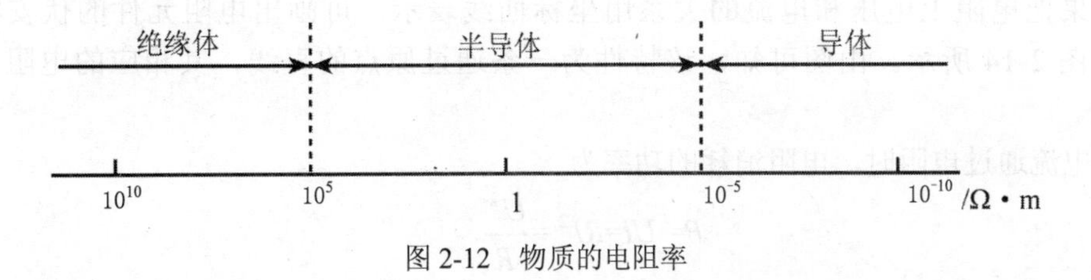

图 2-12 物质的电阻率

半导体是组成晶体管、集成电路的主要材料，并以此为核心形成微电子技术。迄今为止，集成电路已经历了五代，达到了超大规模（VLSI），在一块几十平方毫米到几百平方毫米的芯片上集成有千万个到十亿个晶体管那样的基本元件。美国英特尔公司推出的“奔腾 4”芯片含有 4200 万个晶体管；最新问世的 30 nm 晶体管技术，使芯片可以容纳 4 亿个晶体管。现在，集成电路已渗透到人们的生活、学习、工作等各个方面，如智能化家用电器的自动控制部件、电视机和移动电话（手机）的信号处理（DSP）芯片、计算机的中央处理部件（CPU）和动态存储器芯片（DRAM）等。集成电路的出现，使人类进入了信息时代。

导体中，银的电阻率最小，是最好的导电材料，铜和铝次之。但由于银的价格昂贵，较少应用，工程中普通采用的是铜和铝。

导体的电阻还与温度有关，金属导体的电阻随温度的升高而增加，半导体的电阻随温度的升高而减小。有些金属和合金，在温度降低到 4.2 K（-269°C）时，电阻会突然消失，这种现象称为超导现象。处于超导状态的导体称为超导体。超导体完全排斥磁场，这一特征称为抗磁性。零电阻和抗磁性成为超导体应用的两个基本特性。超导现象的应用原来一直受到低温的限制。随着高温超导材料的不断发现，超导技术越来越广泛地得到应用。例如：①超导电缆，目前电缆输电过程中约损耗 10%的电能，如果改用超导电缆，损耗将降为零；②超导电动机，它比常规电动机体积缩小 90%，而且节能好、噪声小、功率大；③超导储能，用超导电缆绕组构成的超导磁体储能系统，可以在夜间用电低谷时充电，在白天用电高峰时放电，几乎无损耗，能充分发挥发电设备的生产能力；④磁悬浮列车，在超导状态下，可用细导线通过大电流，产生强大的电磁斥力将列车与钢轨分离，即“磁悬浮”，列车只要克服空气阻力就可以高速运行（时速可达 500 km 以上）。磁悬浮列车不仅速度快，而且安全舒适、噪声低、污染少、不燃油等，是未来理想的交通工具。我国西南交通大学在新世纪初始已成功研制出“高温超导磁悬浮试验车”，上海从浦东国际机场到市区的磁悬浮列车已正式通车，成为世界上为数不多的磁悬浮列车运行线。超导的应用还有超导变压器、超导发电机、超导核磁共振谱仪等，不胜枚举，它必将在工业、能源、交通、医疗等许多领域得到广泛应用，导致一场新的技术革命，对世界产生划时代的影响。

2. 欧姆定律

（1） 电阻元件的欧姆定律

1826 年德国科学家欧姆通过科学实验总结出：电阻上的电压与通过电阻的电流成正比。这一关系称为欧姆定律，如图 2-13 所示。在电阻上，当电压与电流为关联参考方向时，欧姆定律表示为

$$U=RI \tag{2.2.2}$$

如果把电阻上电压和电流的关系用坐标曲线表示，可画出电阻元件的伏安特性曲线，如图 2-14 所示。由图可知，该特性为一条通过原点的直线，其相应的电阻称为线性电阻。

当电流通过电阻时，电阻消耗的功率为

$$P= UI=RI^2=\frac{U^2}{R}$$

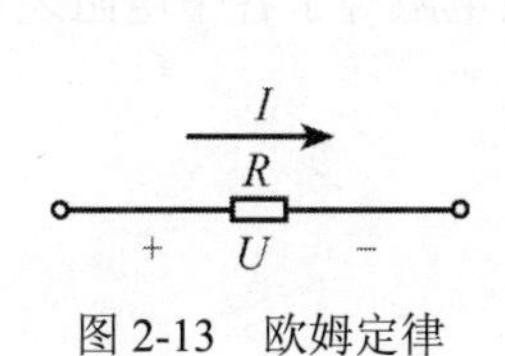

图 2-13　欧姆定律

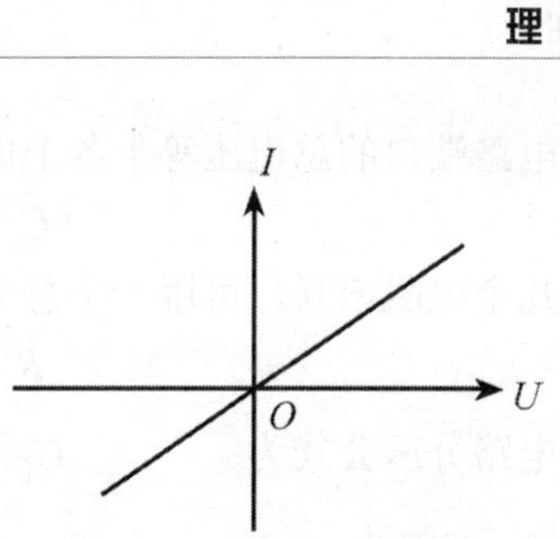

图 2-14　线性电阻的伏安特性曲线

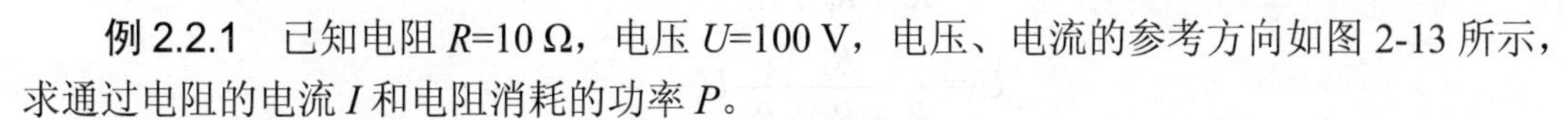

例 2.2.1　已知电阻 R=10 Ω，电压 U=100 V，电压、电流的参考方向如图 2-13 所示，求通过电阻的电流 I 和电阻消耗的功率 P。

解：① 根据欧姆定律，在电压、电流为关联参考方向时

$$I=\frac{U}{R}=\frac{100}{10}=10\ \text{A}$$

电流 I 为正，说明通过电阻 R 的电流的实际方向与参考方向一致。

② 电阻消耗的功率 P 为

$$P=RI^2=10\times10^2=1\ \text{kW}$$

（2） 全电路欧姆定律

一个包含电源、负载在内的闭合电路称为全电路，如图 2-9 所示。当开关 S 合上构成闭合通路时，公式（2.1.6）成立，即

$$I=\frac{U_{\text{S}}}{R_0+R_{\text{L}}}$$

这就是全电路欧姆定律。

3. 电阻的连接

在电工技术应用中，总是有许多电阻连接在一起的电路，连接的方式主要有串联、并联和混联。

（1）电阻元件的串联

几个电阻依次相串，中间无分支的连接方式，称为电阻的串联，如图 2-15 所示。

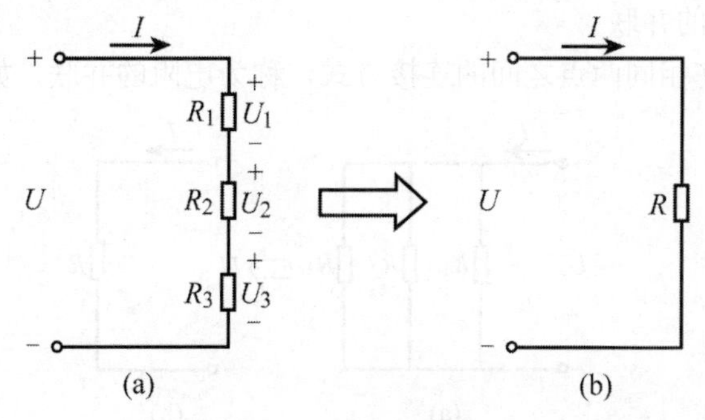

图 2-15　电阻的串联

串联电路的特点：

① 通过各电阻的电流是同一电流。

② 电路端口的总电压等于各个电阻上电压之和，即

$$U = U_1 + U_2 + U_3 \tag{2.2.3}$$

③ 几个电阻串联，可用一个总电阻来等效。总的等效电阻等于各个电阻之和，即

$$R = R_2 + R_2 + R_3 \tag{2.2.4}$$

④ 电路分压公式为

$$U_1 = \frac{R_1}{R_1 + R_2 + R_3}U$$

$$U_2 = \frac{R_2}{R_1 + R_2 + R_3}U$$

$$U_3 = \frac{R_3}{R_1 + R_2 + R_3}U$$

例 2.2.2 电路如图 2-15（a）所示，已知 R_1=4 Ω，R_2=8 Ω，R_3=18 Ω，电压 U=120 V。求电路总的等效电阻 R，通过电路的电流 I，电阻 R_1、R_2、R_3上的电压 U_1、U_2、U_3及所消耗的功率 P_1、P_2、P_3。

解：①　$R= R_1+ R_2+R_3=$（4+8+18）=30 Ω

②　$I=\frac{U}{R}=\frac{120}{30}=4\ \text{A}$

③　$U_1=R_1I=4\times4=16\ \text{V}$

$U_2=R_2I=8\times4=32\ \text{V}$

$U_3=R_3I=18\times4=72\ \text{V}$

上述电压，也可用分压公式计算。

可见 $U=U_1+U_2+U_3$ 即总电压等于各分电压之和，各电阻上的电压与电阻的大小成正比。

④　$P = UI =120\times4 = 480\ \text{W} = 0.48\ \text{kW}$

$P_1 = U_1I =16\times4 = 64\ \text{W} = 0.064\ \text{kW}$

$P_2 = U_2I =32\times4 = 128\ \text{W} = 0.128\ \text{kW}$

$P_3 = U_3I =72\times4 = 288\ \text{W} = 0.288\ \text{kW}$

可见 $P =P_1 + P_2+ P_3$，即总的消耗功率等于各个电阻消耗功率之和，各电阻消耗功率与电阻的大小成正比。

（2） 电阻元件的并联

几个电阻跨接在相同两点之间的连接方式，称为电阻的并联，如图 2-16 所示。

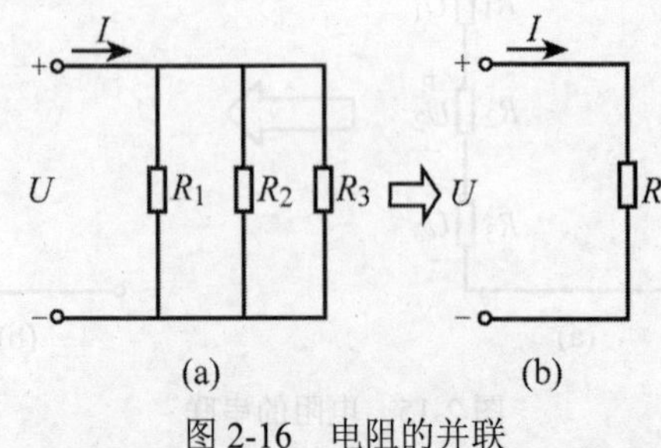

图 2-16　电阻的并联

并联电路的特点：

① 各电阻上的电压是同一电压。

② 电路端口的总电流等于各个电阻上的电流之和。

$$I=I_1+I_2+I_3 \tag{2.2.5}$$

③ 电路总的等效电阻的倒数等于各个电阻倒数之和，即

$$\frac{1}{R}=\frac{1}{R_1}+\frac{1}{R_2}+\frac{1}{R_3} \tag{2.2.6}$$

④ 两个电阻并联的分流公式为

$$I_1=\frac{R_2}{R_1+R_2}I$$

$$I_2=\frac{R_1}{R_1+R_2}I \tag{2.2.7}$$

例 2.2.3 电路如图 2-17 所示，已知 R_1=3 Ω，R_2=6 Ω，U=10 V。求：①电路总的等效电阻 R；②电路总电流 I 和各电阻上的电流 I_1、I_2；③ 电路总的消耗功率 P 和各电阻所消耗的功率 P_1、P_2。

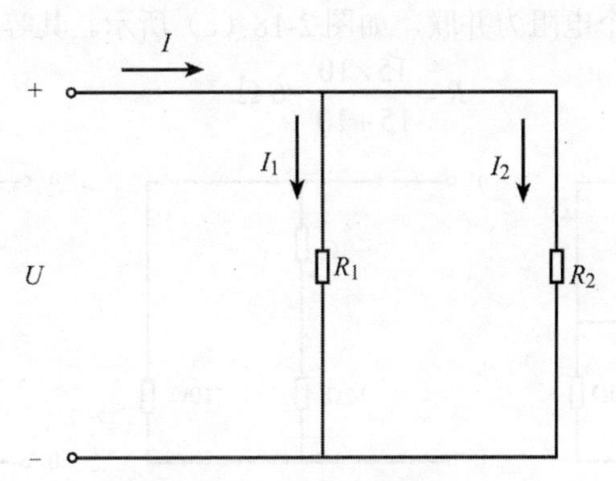

图 2-17 两个电阻的并联

解： ①

$$\frac{1}{R}=\frac{1}{R_1}+\frac{1}{R_2}$$

即 $$R=\frac{R_1R_2}{R_1+R_2}=\frac{3\times 6}{3+6}=2\ \Omega$$

②

$$I=\frac{U}{R}=\frac{10}{2}=5\ \text{A}$$

$$I_1=\frac{U}{R_1}=\frac{10}{3}=3.33\ \text{A}$$

$$I_2=\frac{U}{R_2}=\frac{10}{6}=1.67\ \text{A}$$

I_1、I_2 也可以用分流公式计算。可见，$I=I_1+I_2$，即总电流等于各个分电流之和，电阻上的电流与电阻的大小成反比。

③

$$P=UI=10\times 5=50\ \text{W}$$

$$P_1=UI_1=10\times\frac{10}{3}=33.3\ \text{W}$$

$$P_2 = UI_2 = 10\times\frac{10}{6} = 16.7\ \text{W}$$

可见 $P = P_1 + P_2$，即总的消耗功率等于各个电阻消耗功率之和，电阻消耗的功率与各电阻的大小成反比。

（3） 电阻元件的混联

既有串联又有并联的电路称为混联电路。混联电路的形式多种多样，但可以利用电阻串、并联关系进行逐步化简。

例 2.2.4 计算如图 2-18（a）所示电路的等效电阻。

解： ① 6 Ω 与 6 Ω 两个电阻为并联。其等效电阻为

$$R = \frac{6\times6}{6+6} = 3\,\Omega$$

② 3 Ω 与 12 Ω 两个电阻为串联，如图 2-18（b）所示。其等效电阻为

$$R=（3+12）=15\,\Omega$$

③ 15 Ω 与 10 Ω 两个电阻为并联，如图 2-18（c）所示。其等效电阻为

$$R = \frac{15\times10}{15+10} = 6\,\Omega$$

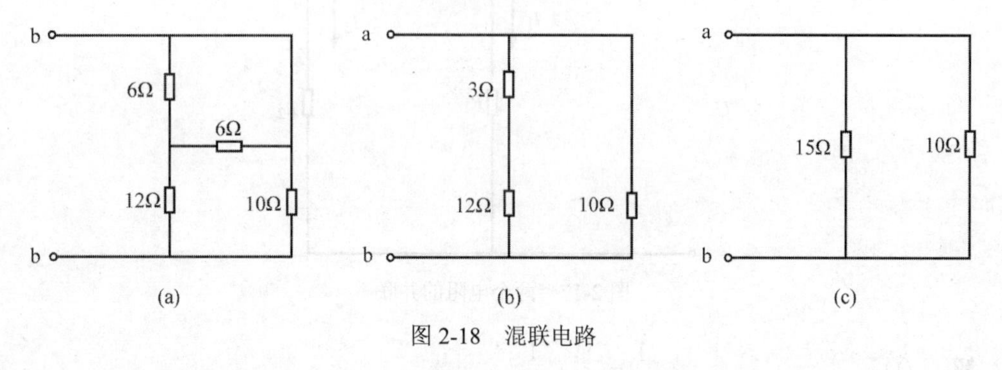

图 2-18　混联电路

2.2.2 焦耳—楞次定律

电流通过导体时，导体发热的现象叫做电流的热效应，这也就是电能到热能的转换过程。电热的大小可由焦耳—楞次定律来计算，$Q=I^2Rt$，Q 的单位是焦耳（J）。若负载模型为纯电阻，则其电功与电热在数值上总是相等的；否则，电功大于电热。

2.2.3 电源

在实际应用中，电源的种类较多，如干电池、蓄电池、发电机、信号源等，其共同点是向电路提供电能、输出电压和电流。

1. 电源电动势

衡量电源的电源力做功本领大小的物理量叫做电源的电动势，通常用符号 E 或 e 表示。E 表示大小与方向恒定的直流电源的电动势；e 表示大小和方向随时间变化的交流电源电动势。电动势的 SI 制单位为伏特（V）。

每个电源都有一定的电动势，电动势不仅有大小而且有方向。电源电动势的大小只取

决于电源本身的特性，与是否外接电路及外接电路的性质无关。电动势的大小等于电源力把单位正电荷从电源的负极拉到电源正极所做的功，也等于电源开路下两极间的电位差（即电压源的端电压）。电动势的实际方向为从电源的实际负极经过电源内部指向电源的实际正极，即与电压源端电压的实际方向相反。

2. 电压源

对外提供电压的电源称为电压源。电压源按其内阻是否考虑可分为两类，一类是忽略内阻为零的电压源，称为理想电压源，或称为恒压源；另一类是考虑内阻，内阻不为零的电压源，称为实际电压源。

（1） 理想电压源

图 2-19（a）所示为理想电压源 U_S 与负载 R_L 连接的电路，理想电压源对负载提供一个恒定的电压 U_S，其外特性曲线如图 2-19（b）所示。是一条以 I 为横坐标且平行于 I 轴的直线，表明通过电压源的电流由外接电路决定，不论电流为何值，直流电压源端电压总为 U_S。通过负载的 R_L 电流为

$$I=\frac{U_S}{R_L}$$

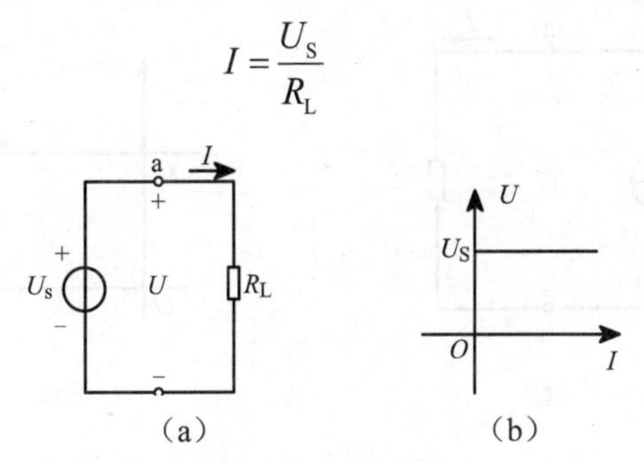

图 2-19　理想电压源

（2） 实际电压源

理想电压源实际上是不存在的。一个实际电源（如干电池）总是有内阻的，电源的内电阻 R_0 产生的电压将是无益的，但又无法避免。人们希望理想的电源输出电压是恒定的，并与负载大小无关，通过采用专门的技术措施（如稳压技术），可以基本实现这个要求。但一般情况下，当电源通过电流时，存在着能量损耗。图 2-20（a）为一个实际电压源与负载 R_L 连接的电路。由图可知，一个实际电源可等效成一个理想电压源 U_S 与内阻 R_0 串联的模型。电路中，负载 R_L 上的电压与电流的关系为

$$U=U_S-R_0I \tag{2.2.8}$$

其伏安特性如图 2-20（b）所示。图中 $U<U_S$，I 越大，U 越低。

3. 电流源

对外提供电流的电源称为电流源。电流源按其内阻是否考虑分为两类，一类是不考虑内阻或内阻为无穷大的电流源，称为理想电流源，或称为恒流源；另一类是考虑内阻，内阻不为无穷大的电流源称为实际电流源。

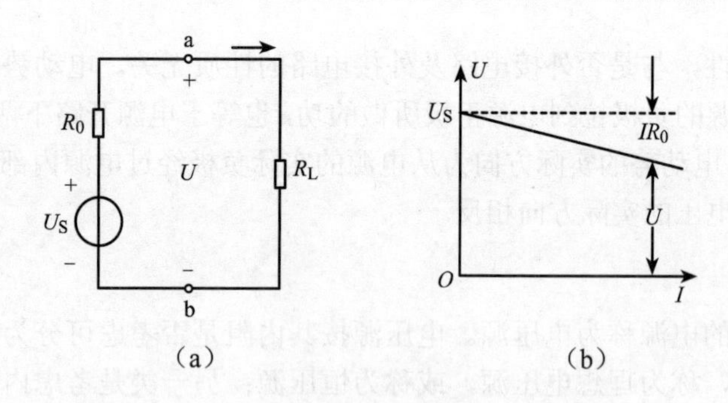

图 2-20　实际电压源

（1）　理想电流源

图 2-21（a）所示为理想电流源 I_S 与负载 R_L 连接的电路。理想电流源对负载提供一个恒定的电流 I_S，其伏安特性如图 2-21（b）所示。负载 R_L 两端的电压为

$$U=R_L I_S \tag{2.2.9}$$

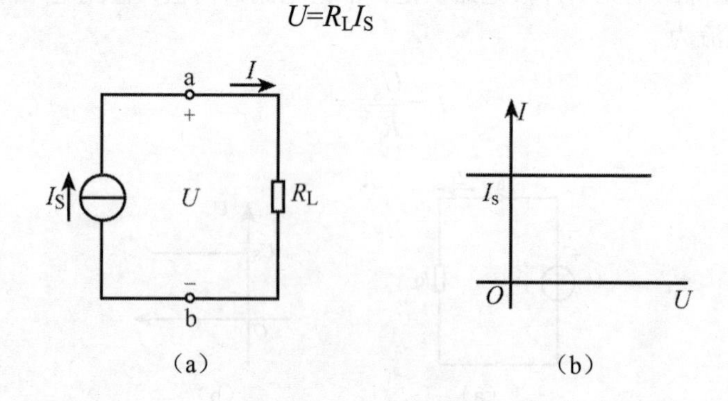

图 2-21　理想电流源

（2）　实际电流源

理想电流源实际上也是不存在的。如光电池，被光激发产生的电流，总是有一部分被电池内阻所分流而没有输送出去。如图 2-22（a）所示为一个实际电流源与负载连接的电路。由图可知，一个实际电流源可等效成一个理想电流源 I_S 与 R_0 内阻并联的模型。电路中，负载 R_L 上的电压与电流的关系为

$$I = I_S - \frac{U}{R_0} \tag{2.2.10}$$

其伏安特性如图 2-22（b）所示。图中 $I<I_S$，U 越高，I 越小。

电源是各种用电设备的动力装置，是电子工业的基础产品，它包括化学物理电源和电子电源两大类。前者如各种类电池，有太阳能电池、原子电池、燃料电池、锂电池、镍氢电池等。现在电池技术层出不穷，如我国已攻克的太阳能手机电池技术，手机无需充电即可一直使用；春兰集团已研制出 20Ah 高能动力镍氢电池，充当电动车电源，一次充电可行驶 100 km，使电动车成为速度快、无污染、小噪声的“绿色交通工具”。后者如通信行业用的开关电源、计算机及网络设备用的不间断电源（UPS）以及其他用电设备用的晶体管电源、晶闸管电源、变频电源、感应加热电源、充电电源等。

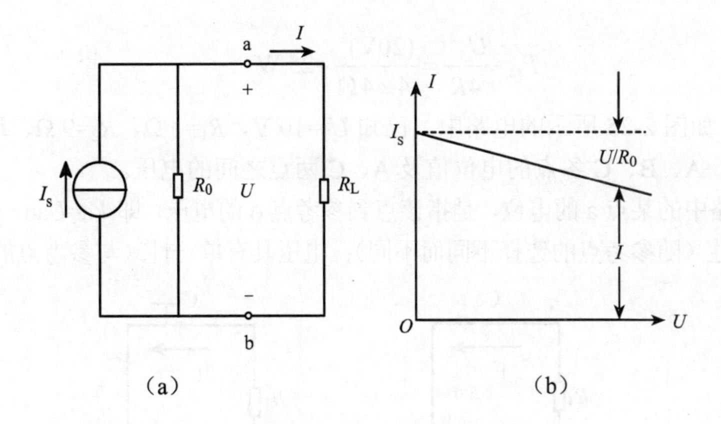

图 2-22　实际电流源

例 2.2.5　两个蓄电池的电源电动势 U_{S1}、U_{S2} 都为 12 V，其内电阻分别为 R_{01}=0.5 Ω，R_{02}=0.1 Ω，试分别计算当负载电流为 10 A 时的输出电压。

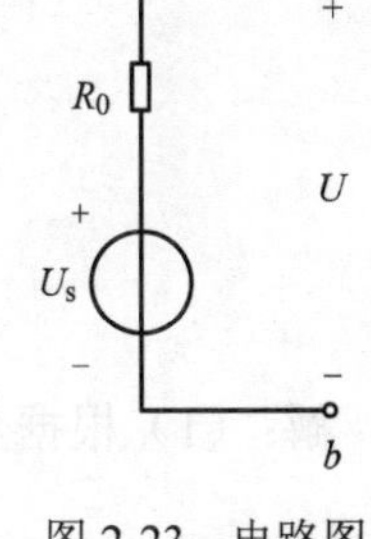

图 2-23　电路图

分析：内电阻小的电源，在输出电压相同的情况下，由于它的内部损耗（内部电压降）降低，能够输出更高的电源电压，电源效率得到提高。电路如图 2-23 所示。

解：① 当 R_{01}=0.5 Ω 时，有 $U_1=U_{S1}-R_{01}\cdot I$=12 V−0.5 Ω×10 A=7 V

② 当 R_{02}=0.1 Ω 时，有 $U_2=U_{S2}-R_{02}\cdot I$=12 V−0.1 Ω×10 A=11 V

例 2.2.6　某一电阻元件为 10 Ω，额定功率为 P_N=10 W。

（1）当加在电阻两端电压为 20 V 时，外加电压不能超过多少伏？

（2）　若要使该电阻正常工作，外加电压不能超过多少伏？

分析：该电阻值为 10 Ω，额定功率为 10 W，也就是说，如果该电阻消耗的功率超过 10 W，就会产生过热现象，甚至烧毁。

解：（1）当加在电阻两端电压为 20 V 时，电阻所消耗的功率 $P=\dfrac{U_N^{\ 2}}{R}$=40 W

由于 $P>P_N$=10 W，此时该电阻消耗的功率已经远超过其额定值，这种过载情况极易烧毁电阻，使其不能正常工作。

（2）　因为 $P_N=\dfrac{U_N^{\ 2}}{R}$，则 $U_N=\sqrt{P_N R}=\sqrt{10\text{W}\times 10\Omega}$=10 V

所以要使该电阻正常工作，外加电压不能超过 10 V。

例 2.2.7　如图 2-24 所示电路中，电压源参数：U_S=20 V，R_0=1 Ω，R_1=3 Ω，R_p 为可调电阻，问 R_P 的阻值为多少时，它可以获得最大功率？R_P 消耗的最大功率为多少？

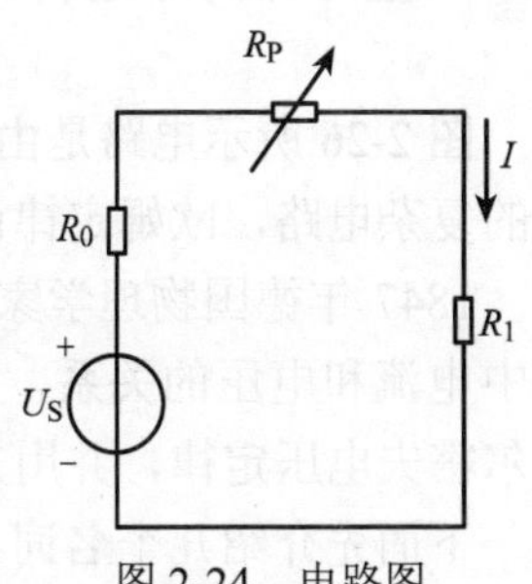

图 2-24　电路图

分析：当负载电阻 R_1 和电源内阻 R_0 相等时，电源输出功率最大，同时负载获得最大功率 $P_m=\dfrac{U_S^{\ 2}}{4R}$。

解：可将（R_1+R_0）视为内阻，当 $R_P=R_1+R_0$=1 Ω+3 Ω=4 Ω 时，R_P 获得最大功率

$$P_{\mathrm{m}}=\frac{U_S{}^2}{4R}=\frac{(20\mathrm{V})^2}{4\times4\Omega}=25\ \mathrm{W}$$

例 2.2.8 如图 2-25 所示的电路中，已知 U_{S}=10 V，R_1=1 Ω，R_2=9 Ω，现分别以 B、C 为参考点，求：A、B、C 各点的电位值及 A、C 两点之间的电压。

分析： 电路中的某点 a 的电位，是指该点到参考点 o 的电压，即 $Va=Uao$。需要注意的是，电位具有多值性（随参考点的选择不同而不同）；电压具有单一性（与参考点的选择无关）。

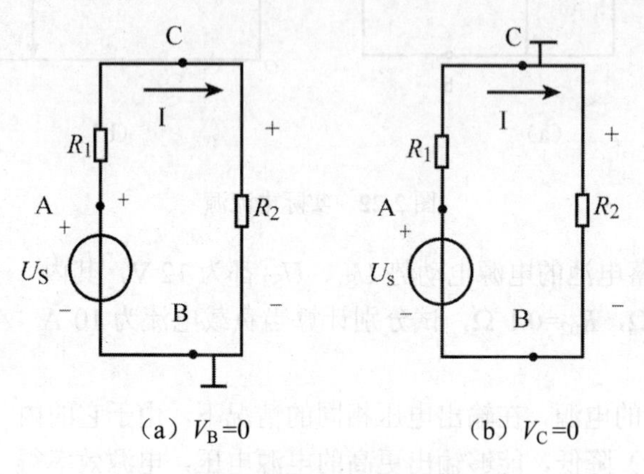

图 2-25 电路图

解：（1）根据全电路欧姆定律 $I=\dfrac{U_S}{R_1+R_2}=\dfrac{10V}{1\Omega+9\Omega}=1\ \mathrm{A}$

以 B 为参考点，则 V_{B}=0

A 点电位 $V_{\mathrm{A}}=U_{\mathrm{S}}$=10 V

C 点电位 $V_{\mathrm{C}}=R_2I$=9 Ω×1 A=9 V 或 $V_{\mathrm{C}}=-R_1I+U_{\mathrm{S}}$=−1 Ω×1 A+10 V=9 V

$$U_{\mathrm{AC}}=V_{\mathrm{A}}-V_{\mathrm{C}}=10\ \mathrm{V}-9\ \mathrm{V}=1\ \mathrm{V}$$

（2） 以 C 为参考点，则 V_{C}=0

A 点电位 $V_{\mathrm{A}}=R_1I$=1 Ω×1 A=1 V

B 点电位 $V_{\mathrm{B}}=-R_2I$=−9 Ω×1 A=−9 V 或 $V_{\mathrm{B}}=-U_{\mathrm{S}}+R_1I$=−10 V+1 Ω×1 A= −9 V

$$U_{\mathrm{AC}}=V_{\mathrm{A}}-V_{\mathrm{C}}=1\ \mathrm{V}-0\ \mathrm{V}=1\ \mathrm{V}$$

2.3 基尔霍夫定律

图 2-26 所示电路是由两个电源、三个电阻连接的复杂电路，欧姆定律已无法直接求解。

1847 年德国物理学家基尔霍夫阐述了复杂电路中电流和电压的关系，即基尔霍夫电流定律和基尔霍夫电压定律，并用来分析求解复杂电路。

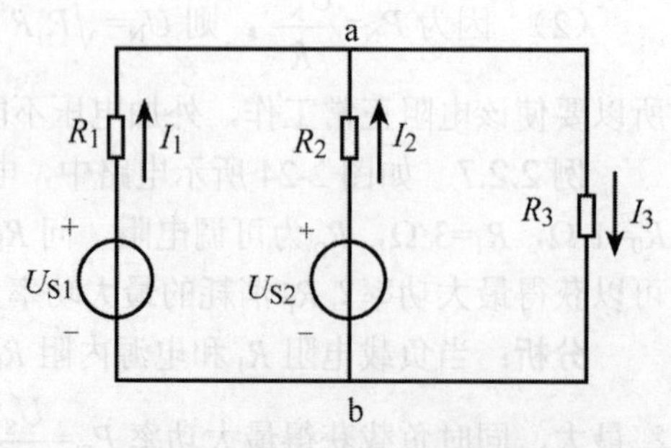

图 2-26 电路的名词定义

下面先介绍几个名词。

① 支路：电路中的每个分支。如图 2-26 中 aR_1U_{s1}b、aR_2U_{s2}b 及 aR_3b 都是支路，其中

前两条支路称为含源支路，后一条称为无源支路。

② 节点：三条或三条以上支路的连接点，如图 2-26 中的 a 点和 b 点所示。

③ 回路：电路中的任一闭合路径，如图 2-26 中 b$U_{S1}R_1R_2U_{S2}$b、b$U_{S2}R_2R_3$b 及 b$U_{S1}R_1R_3$b 都是回路。

④ 网孔：内部不含有支路的回路，即“空心”回路。图 2-26 中 b$U_{S1}R_1R_2U_{S2}$b 及 b$U_{S2}R_2R_3$b 是网孔，而 b$U_{S1}R_1R_3$b 不是网孔。

2.3.1 基尔霍夫电流定律（KCL）

基尔霍夫电流定律，简称 KCL，又称为节点电流定律。它反映了电路中某节点上各个支路电流之间的关系，即流入某个节点的电流之和等于流出该节点的电流之和。在图 2-26 中

$$I_1+I_2=I_3$$

或者

$$I_1+I_2-I_3=0$$

即流进某个节点的电流代数和等于零。上两式分别写成一般式为

$$\sum I_{入}=\sum I_{出}$$

或

$$\sum I=0 \tag{2.3.1}$$

例 2.3.1 在图 2-27 中，在参考方向下，节点 a 各电流为 I_1= 1 A，I_2= −3 A，I_3= 4 A，I_4= −5 A，求 I_5。

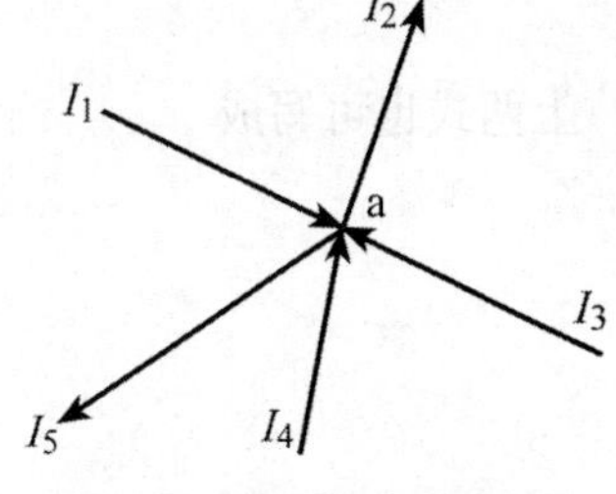

图 2-27 基尔霍夫电流定律

解：由式 2.3.1 得

$$I_1-I_2+I_3+I_4-I_5=0$$

将已知数值代入

$$1-(-3)+4+(-5)-I_5=0$$

$$I_5=3\text{ A}$$

I_5为正值，说明 I_5的实际方向与参考方向一致，是流出节点 a 的电流。

例 2.3.2 如图 2-28 所示为一晶体管模型图，已知 I_B= 20 mA，I_C = 1 A，求 I_E。

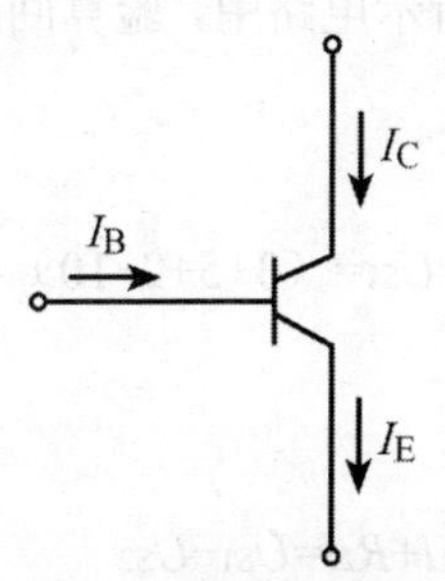

图 2-28 晶体管的电流关系

解：晶体管可以看做假想的闭合节点，则根据 KCL 有

$$I_E=I_B+I_C=20\text{ mA}+1\text{ A}=0.02\text{ A}+1\text{ A}=1.02\text{ A}$$

2.3.2 基尔霍夫电压定律（KVL）

基尔霍夫电压定律，简称 KVL，又称为回路电压定律。它反映了回路中各个元件上电压之间的关系，即回路中各元件上电压的代数和为零。如图 2-26 电路中各元件上的电压参考方向标于图 2-29 中，则根据 KVL，回路Ⅰ和Ⅱ分别有

$$-U_{S1}+U_{R1}-U_{R2}+U_{S2}=0$$

$$-U_{S2}+U_{R2}+U_{R3}=0$$

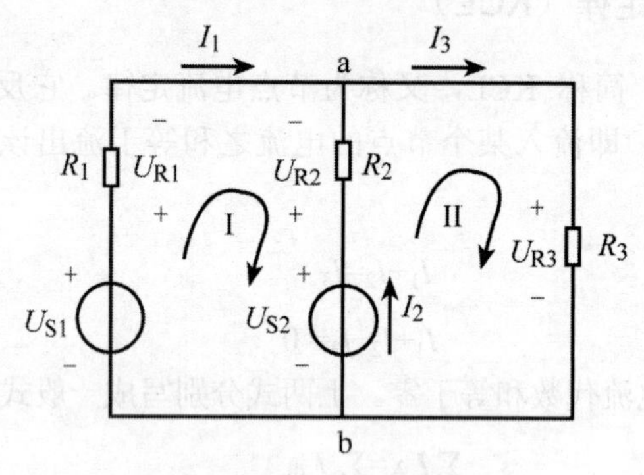

图 2-29 基尔霍夫电压定律

概括为

$$\sum U=0 \qquad (2.3.2)$$

上两式也可写成

$$U_{R1}-U_{R2}=U_{S1}-U_{S2}$$

或

$$R_1I_1-R_2I_2=U_{S1}-U_{S2}$$

$$U_{R2}+U_{R3}=U_{S2}$$

或

$$R_2I_2+R_3I_3=U_{S2}$$

统一写成一般形式为

$$\sum RI=\sum U_S \qquad (2.3.3)$$

即回路中，电阻上电压的代数和等于电源电压的代数和。

例 2.3.3 在图 2-7（例 2.1.1）所示电路中，验算回路电压是否符合 KVL。如已知：R_1= 3 Ω，R_2=2 Ω，试计算回路之电流 I。

解： ① 由图可知

$$U_1+U_{S2}+U_2-U_{S1}=（3+5+2-10）=0\ \text{V}$$

即符合 KVL。

② 由式（2.3.3）得

$$R_1I+R_2I=U_{S1}-U_{S2}$$

$$I=\frac{U_{s1}-U_{s2}}{R_1+R_2}=\frac{10-5}{3+2}=1\text{A}$$

例 2.3.4 在图 2-30 电路中，各电流、电压的参考方向均标于图上，试列出图示三个网孔的 KVL 表达式。

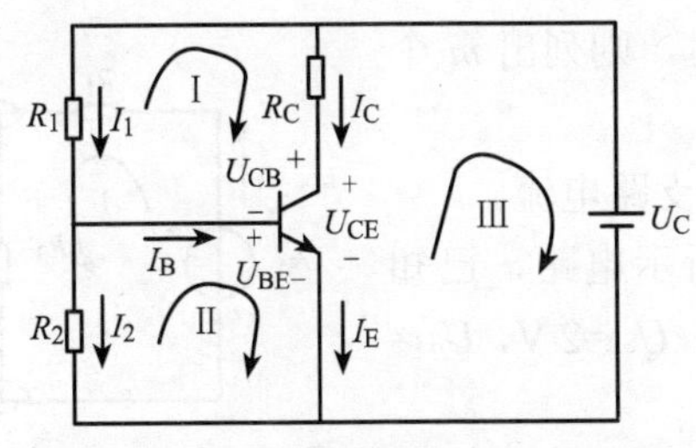

图 2-30　晶体管电路的 KVL 方程

解：网孔Ⅰ：　$-R_1I_1+R_CI_C+U_{CB}=0$

　　网孔Ⅱ：　$-R_2I_2+U_{BE}=0$

　　网孔Ⅲ：　$R_CI_C+U_{CE}=U_C$

2.4　支路电流法

如何求解图 2-26 所示电路的三条支路电流？按照前面的讨论，应根据基尔霍夫定律，分别列出 KCL、KVL 方程式（组），联立求解。

例 2.4.1　电路 2-26 所示，已知 $R_1=R_2=1\ \Omega$，$R_3=4\ \Omega$，$U_{S1}=12$ V，$U_{S2}=6$ V，求 I_1、I_2 和 I_3。

解：① 由前面分析知道

列 a 点 KCL 方程式　$I_1+I_2=I_3$

列两网孔 KVL 方程式　$R_1I_1-R_2I_2=U_{S1}-U_{S2}$

$$R_2I_2+R_3I_3=U_{S2}$$

② 代入已知条件得

$$I_1+I_2=I_3$$
$$I_1-I_2=6$$
$$I_2+4I_3=6$$

③ 求解方程得

$$I_1=4\ \text{A}$$
$$I_2=-2\ \text{A}$$
$$I_3=2\ \text{A}$$

由例 2.4.1 可知，利用欧姆定律和基尔霍夫定律，可以求解任何复杂的电路。求解电路的方法很多，但支路电流法是最基本的方法。上例的计算方法实际上就是支路电流法。其中对于 a、b 两个节点，只列了一个 a 节点的 KCL 方程，并且只对两个网孔列出了 KVL 方程。支路电流法是基尔霍夫定律的实际应用方法，它是以支路电流为未知量，直接应用基尔霍夫定律，分别对节点和网孔列出 KCL、KVL 方程（组），然后求解该方程（组）得出各支路电流的方法。

从例 2.4.1 可得支路电流法的解题步骤：

① 设定各支路电流的参考方向和网孔（回路）的绕行方向。

② 当电路有 n 个节点时，则列出（n−1）个节点的 KCL 电流方程。

③ 当电路有 m 个网孔时，则列出 m 个网孔的 KVL 电压方程。

④ 求解方程组，得出各支路电流。

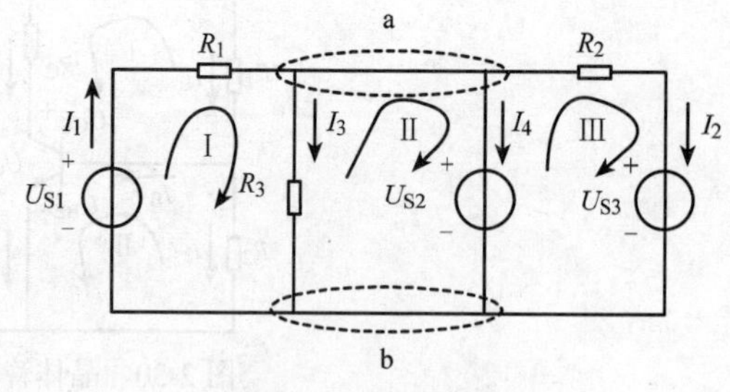

图 2-31　支路电流法

例 2.4.2　如图 2-31 所示电路，已知 $R_1=R_2=1\ \Omega$，$R_3=2\ \Omega$，$U_{S1}=4\ V$，$U_{S2}=2\ V$，$U_{S3}=2.8\ V$。试求各支路电流。

解：① 本题电路中有两个节点 a 和 b，4 个支路电流 I_1、I_2、I_3 和 I_4，3 个网孔Ⅰ、Ⅱ、Ⅲ。设电流参考方向、网孔绕向如图所示。

② 根据 KCL、KVL 分别列出节点 a 和网孔Ⅰ、Ⅱ、Ⅲ的方程组

$$I_1-I_2-I_3-I_4=0$$

$$R_1I_1+R_3I_3=U_{S1}$$

$$R_3I_3=U_{S2}$$

$$R_2I_2=U_{S2}-U_{S3}$$

③ 将数据代入得

$$I_1-I_2-I_3-I_4=0$$

$$I_1+2I_3=4$$

$$2I_3=2$$

$$I_2=-0.8$$

④ 联立求解方程组得

$$I_1=2\ A$$

$$I_2=-0.8\ A$$

$$I_3=1\ A$$

$$I_4=1.8\ A$$

2.5　叠加原理

上节讨论了基尔霍夫定律及其应用——支路电流法，这是求解电路最常用、最基本的方法。现在介绍电路分析中一个重要的定理——叠加原理。

将例 2.3.3 电路重画于 2-32（a），前面已计算过该电路的电流

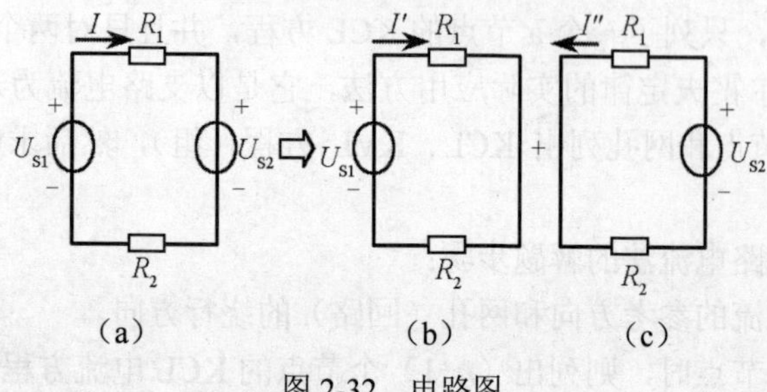

图 2-32　电路图

$$I=\frac{U_{s1}-U_{s2}}{R_1+R_2}=\frac{U_{s1}}{R_1+R_2}-\frac{U_{s2}}{R_1+R_2}=I'-I''$$

其中，$I'=\frac{U_{s1}}{R_1+R_2}$，$I''=\frac{U_{s2}}{R_1+R_2}$。即电流 I 可以看做 U_{S1}、U_{S2} 电源分别单独作用时电流 I'、I'' 的代数和，等效电路如图 2-32（b）、（c）所示。在 $I=I'-I''$ 式中，因 I' 与 I 的参考方向一致，取正；I'' 与 I 的参考方向相反，取负。

由此可得，在有多个电源作用的线性电路中，任一支路的电流或电压，等于各个电源单独作用时，该支路中所产生的电流或电压的代数和，这就是叠加原理。

应用叠加原理，应注意以下几点：

① 只适用于线性电路。所谓线性电路是指由线性元件组成的电路，常见的线性元件有线性电阻、线性电感、线性电容和线性电源等。

② 只适用于计算电流和电压，不能用于计算功率。

③ 叠加时，电路的连接结构不变。所谓各个电源单独作用，是指当一个电源作用时，其余电源置为零。即令理想电压源 $U_s=0$，相当于短路；理想电流源 $I_s=0$，相当于开路。

④ 叠加时，要注意电流和电压的参考方向，从而决定加或减。

例 2.5.1 在例 2.4.1 中，是利用支路电流法求解图 2-26 所示电路的支路电流，现在用叠加原理进行求解。已知条件不变，即 $R_1=R_2=1\ \Omega$，$R_3=4\ \Omega$，$U_{S1}=12\ \text{V}$，$U_{S2}=6\ \text{V}$。

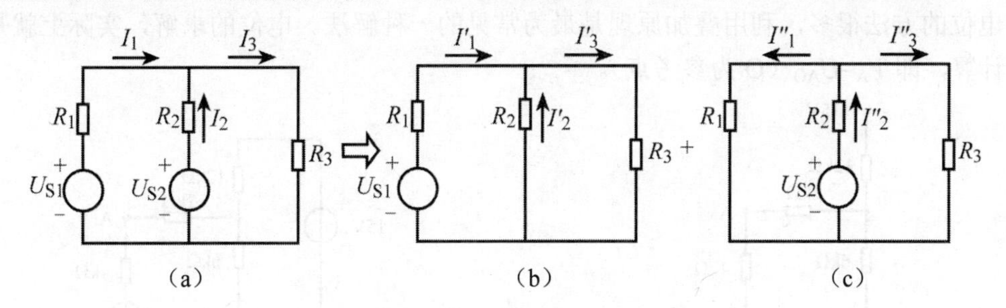

图 2-33 叠加定理的应用

解： 电路重画于图 2-33（a）。按照叠加原理，电路（a）等效于电路（b）和（c）相加。

① U_{S1} 单独作用时，令 $U_{S2}=0$（相当于短路），如图 2-33（b）所示。则

$$I'_1=\frac{U_{s1}}{R_1+\frac{R_2R_3}{R_2+R_3}}=\frac{12}{1+\frac{4}{5}}\text{A}=\frac{20}{3}\text{A}$$

$$I'_2=-\frac{R_3}{R_2+R_3}I'_1=-\frac{4}{5}\times\frac{20}{3}\text{A}=-\frac{16}{3}\text{A}$$

$$I'_3=\frac{R_2}{R_2+R_3}I'_1=\frac{1}{5}\times\frac{20}{3}\text{A}=\frac{4}{3}\text{A}$$

② U_{S2} 单独作用时，令 $U_{S1}=0$（相当于短路），如图 2-33（c）所示。则

$$I_2''=\frac{U_{s2}}{R_2+\frac{R_1R_3}{R_1+R_3}}=\frac{6}{1+\frac{4}{5}}\text{A}=\frac{10}{3}\text{A}$$

$$I_1''=\frac{R_3}{R_1+R_3}I_2''=\frac{4}{5}\times\frac{10}{3}\text{A}=\frac{8}{3}\text{A}$$

$$I_3''=\frac{R_1}{R_1+R_3}I_2''=\frac{1}{5}\times\frac{10}{3}\text{A}=\frac{2}{3}\text{A}$$

③ U_{S1} 与 U_{S2} 共同作用时

$$I_1=I'_1-I_1''=(\frac{20}{3}-\frac{8}{3})\text{A}=4\text{ A}$$

$$I_2=I'_2+I_2''=(-\frac{16}{3}+\frac{10}{3})\text{A}=-2\text{ A}$$

$$I_3=I'_3+I_3''=(\frac{4}{3}+\frac{2}{3})\text{A}=2\text{ A}$$

结论与用支路电流法求解时完全相同。

例 2.5.2 试用叠加原理求图 2-34 中的 A 点电位 V。

分析：图 2-34 是电路的一种习惯画法，实际上它就是图 2-35 的电路，求解该电路中 A 点的电位的方法很多，利用叠加原理是最为常见的一种解法。电位的求解，实际上就是电压的计算，即 $V_A=U_{AO}$（O 为参考点）。

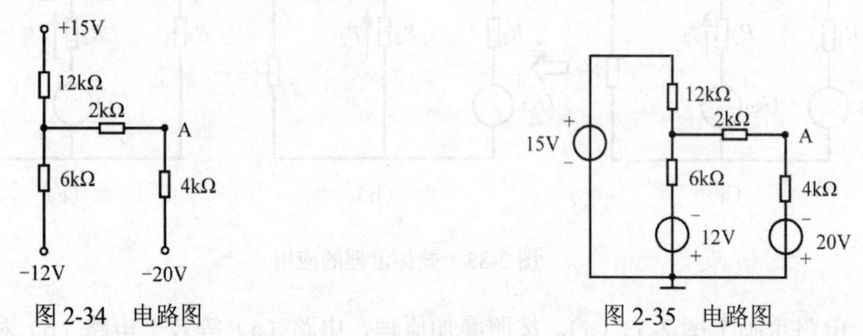

图 2-34 电路图　　　　图 2-35 电路图

解：（a）+15 V 电源单独作用时，等效电路如图 2-36 所示，由串联分压公式得：

$$V_B'=\frac{(2\text{k}\Omega+4\text{k}\Omega)//6\text{k}\Omega}{(2\text{k}\Omega+4\text{k}\Omega)//6\text{k}\Omega+12\text{k}\Omega}\times(+15\text{ V})=3\text{ V}$$

$$V_A'=\frac{4\text{k}\Omega}{2\text{k}\Omega+4\text{k}\Omega}\times V_B'=2\text{ V}$$

（b）−12 V 电源单独作用时，等效电路如图 2-37 所示，由串联分压公式得：

$$V_B''=\frac{(2\text{k}\Omega+4\text{k}\Omega)//12\text{k}\Omega}{(2\text{k}\Omega+4\text{k}\Omega)//12\text{k}\Omega+6\text{k}\Omega}\times(-12\text{ V})=-4.8\text{ V}$$

$$V_A''=\frac{4\text{k}\Omega}{2\text{k}\Omega+4\text{k}\Omega}\times V_B''=-3.2\text{ V}$$

（c）−20 V 电源单独作用时，等效电路如图 2-38 所示。

由串联分压公式得：

$$V_A''' = \frac{6k\Omega//12k\Omega + 2k\Omega}{6k\Omega//12k\Omega + 2k\Omega + 4k\Omega} \times (-20V) = -12\ V$$

根据叠加原理得

$$V_A = V_A' + V_A'' + V_A''' = 2\ V - 3.2\ V - 12\ V = -13.2\ V$$

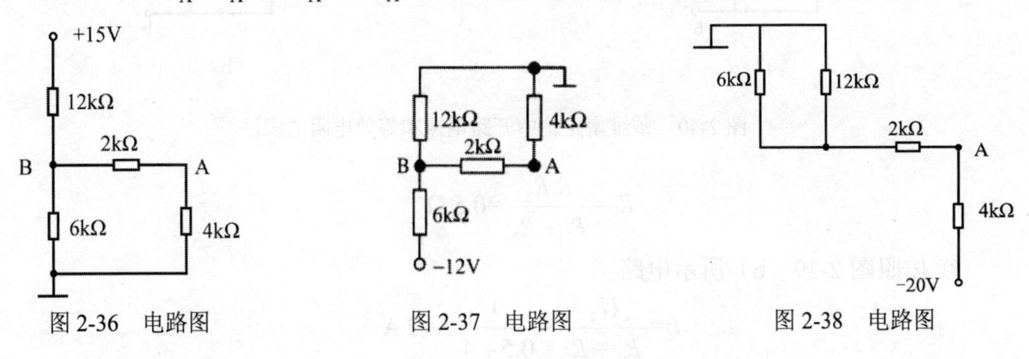

图 2-36　电路图　　图 2-37　电路图　　图 2-38　电路图

2.6　戴维南定理

在例 2.5.1 中，电阻 R_3 上的电流 I_3 实际上是两个实际电压源（理想电压源和内阻串联）共同作用的结果，是否可将此两个实际电压源用一个实际电压源来等效呢？如能，则计算 I_3 就方便多了。按电路分析理论，答案是肯定的，即图 2-39（a）所示电路可以等效为图 2-39（b）的电路，于是电路中 I_3 即为

$$I_3 = \frac{U_S}{R_0 + R_3}$$

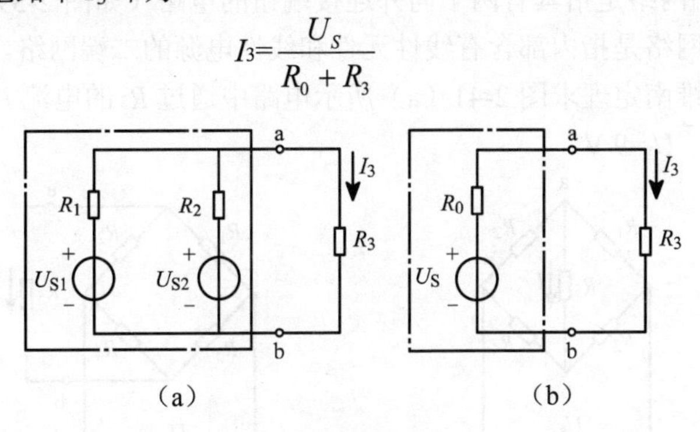

图 2-39　戴维南定理

其中 U_S 是图 2-39（a）电路中 R_3 断开时两个实际电压源共同作用在 a、b 两点时两个实际电压源的端电压，R_0 是两个实际电压源的等效电阻（将 U_{S1}、U_{S2} 置零后求得）。

用图 2-39（b）所示电路求 I_3，已知条件如例 2.5.1。

解： ① U_S 为图 2-40（a）电路中 a、b 两端的开路电压 U_{ab}

$$U_s = U_{ab} = R_2 I + U_{S2} = R_2 \frac{U_{S1} - U_{S2}}{R_1 + R_2} + U_{S2} = \left(1 \times \frac{12 - 6}{1 + 1} + 6\right)\ V = 9\ V$$

② R_0 为图 2-40（b）电路中 a、b 两端的等效电阻

图 2-40　戴维南定理中开路电路和等效电阻的求法

$$R_0=\frac{R_1R_2}{R_1+R_2}=0.5\ \Omega$$

③ 按照图 2-39（b）所示电路

$$I_3=\frac{U_S}{R_0+R_3}=\frac{9}{0.5+4}\ \text{A}=2\ \text{A}$$

结论与例 2.5.1 一致。

由此可知，当只需要计算电路中某一支路电流或电压时，可将电路其余部分用一个实际电压源等效，这就是戴维南定理，或称为等效电源定理。

戴维南定理：一个有源二端线性网络，从对负载的作用来看，可以用一个实际电压源来等效。其中理想电压源为负载断开时有源二端网络的开路电压，内阻为有源二端网络变为无源二端网络（将理想电压源短路、理想电流开路）时的等效电阻。

该定理中，二端网络是指具有两个向外连接端钮的电路（如图 2-39 中的点画线方框部分），有源二端线性网络是指内部含有线性元件和线性电源的二端网络。

例 2.6.1　用戴维南定理求图 2-41（a）所示电路中通过 R_5 的电流 I。已知 $R_1=R_4=3\ \Omega$，$R_2=R_3=6\ \Omega$，$R_5=2\ \Omega$，$U_s=9$ V

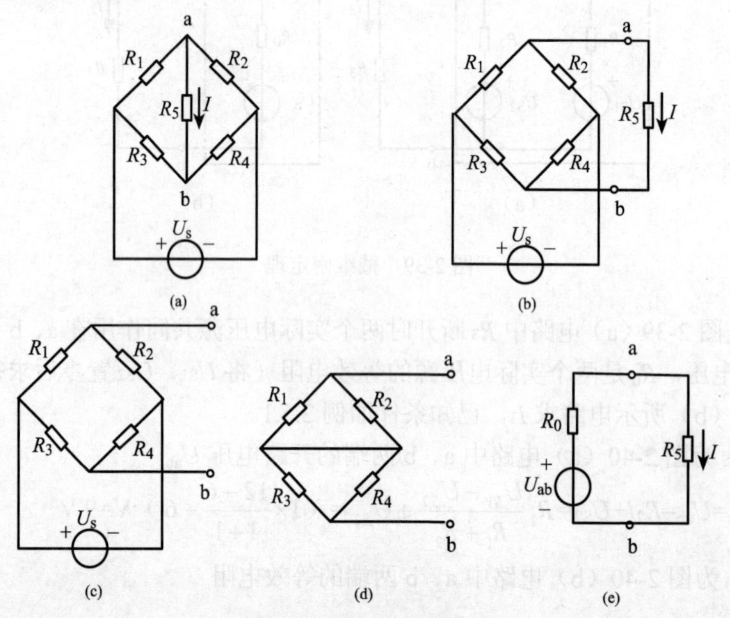

图 2-41　戴维南定理的应用

解：① 将图 2-41（a）所示电路转化为图（b）所示电路。

② 根据图 2-41（c）所示电路，求有源二端网络在 ab 端的开路电压

$$U_{ab}=U_a-U_b=\frac{R_2}{R_1+R_2}U_S-\frac{R_4}{R_3+R_4}U_S=3\text{V}$$

③ 根据图 2-41（d）所示电路，求无源二端网络的等效电阻

$$R_0=\frac{R_1R_2}{R_1+R_2}+\frac{R_3R_4}{R_3+R_4}=4\ \Omega$$

④ 根据图 2-41（e）电路，求 I

$$I=\frac{U_{ab}}{R_0+R_5}=0.5\ \text{A}$$

例 2.6.2　电路如图 2-42 所示，已知：R_1=10 Ω，R_2=30 Ω，R_3=40 Ω，R_4=20 Ω，R_5=R_6=50 Ω，R_7=100 Ω，U_{S1}=80 V，U_{S2}=10 V，U_{S3}=30 V，U_{S4}=20 V，U_{S5}=40 V，U_{S6}=50 V，I_S= 0.4 A，试用戴维南定理求 U_{S4} 的电功率。

分析：求恒压源 U_{S4} 的电功率关键在于确定其上的电流。用戴维南定理求电路中某一支路上的电流是一种典型题，解题过程中主要涉及三方面的求解：①两点间电压（是一种开路电压）的计算，②无源网络等效电阻的求解，③闭合电路欧姆定律的计算。三方面的求解分别针对三种不同电路：①开环下的有源二端线性网络，②二端纯电阻网络，③闭环下的等效电路。在这儿不能将不同电路混为一谈。

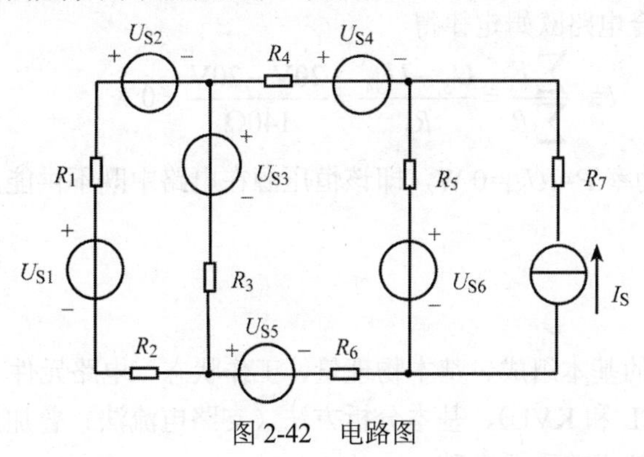

图 2-42　电路图

解：取出 U_{S4}，可得有源线性二端网络如图 2-43 所示，由闭合电路欧姆定律可得

$$I_1=\frac{\sum E}{\sum R}=\frac{U_S-U_{S4}}{R_S}=\frac{20\text{V}-20\text{V}}{140\Omega}=0\ \text{A}$$

所以开路电压　　$U_{oc}=U_{abo}=U_{s3}+R_3I_1+U_{s5}-U_{s6}-R_5I_S$

=30 V+40 Ω×0 A+40 V–50 V–50 Ω×0.4 A=0 V

图 2-43 除源后如图 2-44 所示，等效电阻为

$$R_{ab}=(R_1+R_2)//R_3+R_4+R_5+R_6$$

=（10 Ω+30 Ω）//40 Ω+20 Ω+50 Ω+50 Ω =140 Ω

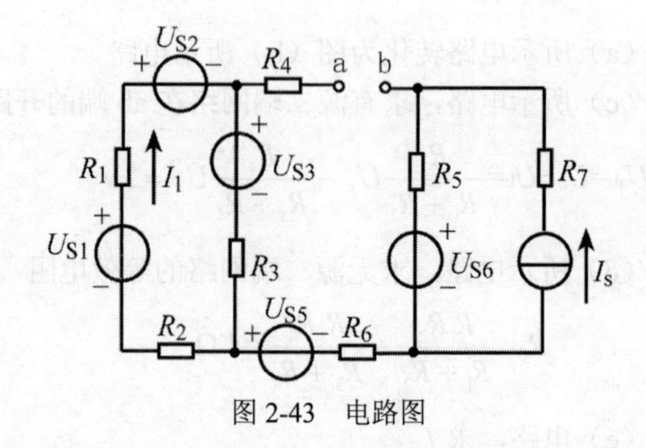

图 2-43　电路图

由戴维南定理，可将图 2-43 所示的二端网络等效为图 2-45 中的电压源。其中：

$$U_S=U_{oc}=U_{abo}=20\text{ V}，R_s=R_{ab}=140\ \Omega$$

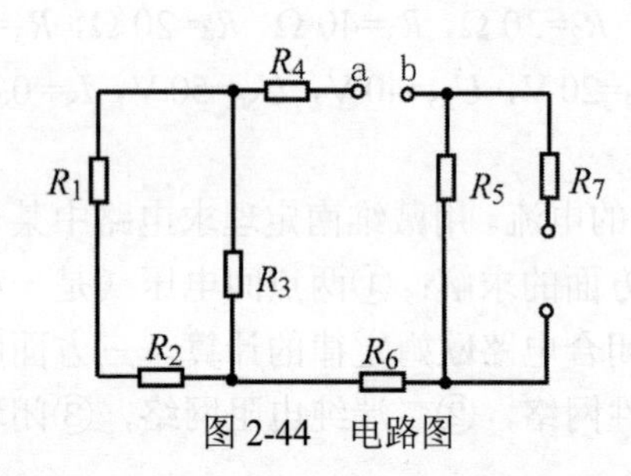

图 2-44　电路图

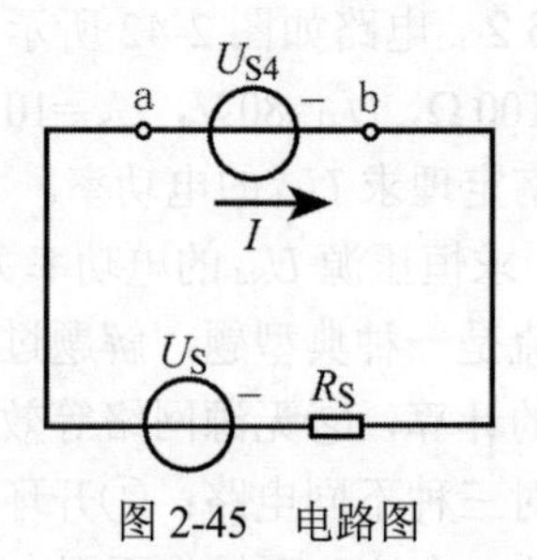

图 2-45　电路图

则接上 U_{S4} 后，由闭合电路欧姆定律得

$$I=\frac{\sum E}{\sum R}=\frac{U_S-U_{S4}}{R_S}=\frac{20\text{V}-20\text{V}}{140\Omega}=0\text{ A}$$

这样，U_{S4} 的电功率 $P=IU_{S4}=0$ W，即该恒压源在电路中既不供能，也不耗能。

本章小结

本章讨论了电路的基本组成、基本物理量、工作状态、电路元件（电阻和电源）、基本定律（欧姆定律、KCL 和 KVL）、基本分析方法（支路电流法、叠加原理、戴维南定理）。本章所述内容是电工技术的重要基础。

（1）　电路

电路是电流通过的路径，它由电源、负载、中间环节三部分组成。电路的主要作用是进行能量的传输、分配与转换，以及信号的传递和处理。

由理想元件组成的电路称为电路模型。理想元件忽略了实际元件的次要性质，只表征其主要性质。

（2）　电路的主要物理量

① 电流：电荷的有规则运动形成电流，电流为单位时间内通过导体横截面的电荷量，电流的方向为正电荷运动方向。

② 电压、电位与电动势：电压 U_{ab} 为单位正电荷由 a 点移动到 b 点电场力所做的功，

电压的方向高电位指向低电位。电路中某点的电位等于该点到参考点之间的电压，两点之间的电压等于该两点电位之差。电位与参考点的选择有关，电压与参考点的选择无关。单位正电荷在电源内部由负极移动到正极电源力所做的功，称为电源的电动势。电动势的方向和电压的方向相反，由低电位指向高电位。

③ 功率：功率为单位时间内电场力或电源力做的功，功率的一般表示式为 $P=UI$。

（3） 电路的工作状态

电路有通路、开路和短路三种工作状态。为保证电气设备安全可靠地运行，规定了额定值。各种电器设备只能在额定值下运行。电源短路是一种非正常连接，会造成严重事故。在低压、小容量电路中，通常接入熔断器进行短路保护。

（4） 电路中的基本元件

① 电阻：电流在导体中流动所受到的阻力称为电阻，具有电阻的元件称为电阻元件。物质按导电能力可分为导体、半导体和绝缘体三类。不同的导体有不同的电阻，导体的电阻与温度有关。

串联电阻的等效电阻等于各个电阻之和，并联电阻的等效电阻的倒数等于各个电阻的倒数之和。

② 电源：电源有电压源和电流源之分，又有理想电源和实际电源之分。理想电压源提供恒定的电压，与通过的电流无关。实际电压源等效为理想电压源与电阻串联。理想电流源提供恒定的电流，与端电压无关。实际电流源等效为理想电流源与电阻并联。

（5） 电路的基本定律

① 欧姆定律：欧姆定律阐明了电阻元件上电压与电流间的关系，在关联参考方向下，可表示为 $U=RI$。

② KCL 定律：KCL 定律表明连接在统一节点上各支路电流间的关系，其内容为：流入某个节点的电流代数和等于零，即 $\sum I=0$。

③ KVL 定律：KVL 定律表明回路中各个元件的电压之间的关系，其内容为：任一回路中各元件上的代数和等于零，即 $\sum U=0$。对于电阻性电路，KVL 可表示为 $\sum RL=\sum U_s$。

（6） 基本分析方法

① 支路电流法：支路电流法以支路电流为未知量，设电路有 m 个网孔，n 个节点，则对节点列出（$n-1$）个 KCL 方程，对网孔列出 m 个 KVL 方程，联立求解这些方程，从而求得各支路电流。

② 叠加原理：在线性电路中，任一支路 的电流或电压等于电路中各电源单独作用所产生的电流或电压的代数和。叠加原理一般不直接用于解题。

③ 戴维南定理：任一线性有源二端网络，对外电路来说，可以用一个恒压源和电阻的串联组合来等效。恒压源的电压等于该二端的网络的开路端电压，电阻则为该二端网络除源以后的等效电阻。

练习题

（1） 什么是电路？电路由哪几个组成部分？各部分的作用是什么？

（2） 什么称为理想元件？什么称为电路模型？

（3） 什么是参考方向？如何选择参考方向？什么是关联参考方向？

（4） 电路如图 2-46 所示，图中所标电压的方向为参考方向，试计算 U_{ab}。

（5） 电路如图 2-47 所示，图中电流和电压的方向为参考方向，已知 I=2 A、R=2 Ω、U_s=4 V。试计算 U_{ab}。

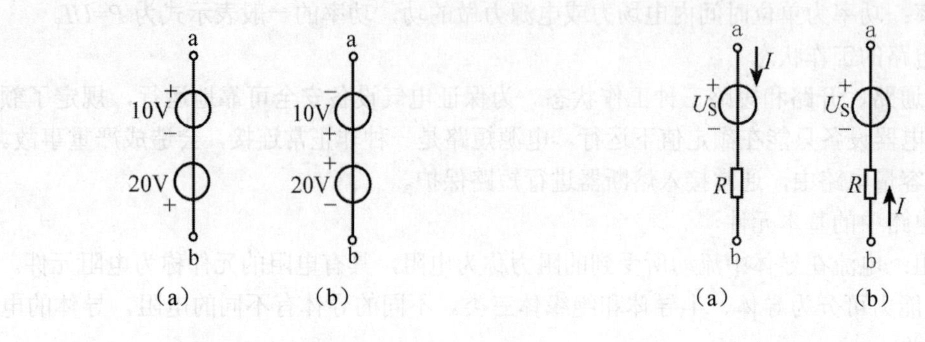

图 2-46 电路图

图 2-47 电路图

（6） 图 2-48 所示电路中，各元件上的电压均已标出，试计算 a、b、c、d、e、f、g 各点的电位。

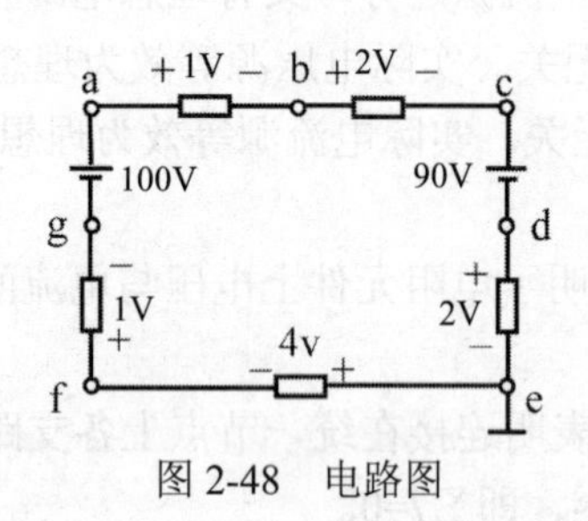

图 2-48 电路图

（7） 什么称为开路？什么称为短路？为什么不能使实际电压源短路？

（8） 什么是电气设备的额定值？为什么要规定额定值？

（9） 一个标称值为 0.25 W、100 Ω 的碳膜电阻，其额定电压是多少？能否通过 100 mA 的电流？

（10） 一个标注 6 V、0.9 W 的指示灯的额定电流是多少？若把它误接到 15 V 的电压上使用，会产生什么后果？

（11） 有一个电阻为 0.014 Ω、熔断电流为 18 mA 的熔丝，问它熔断时的电压为多少？

（12） 现有两只白炽灯，它们的额定值分别为 110 V/100 W 和 110 V/60 W。问哪一只白炽灯的电阻大？

（13）电路如图 2-49 所示，求等效电阻。

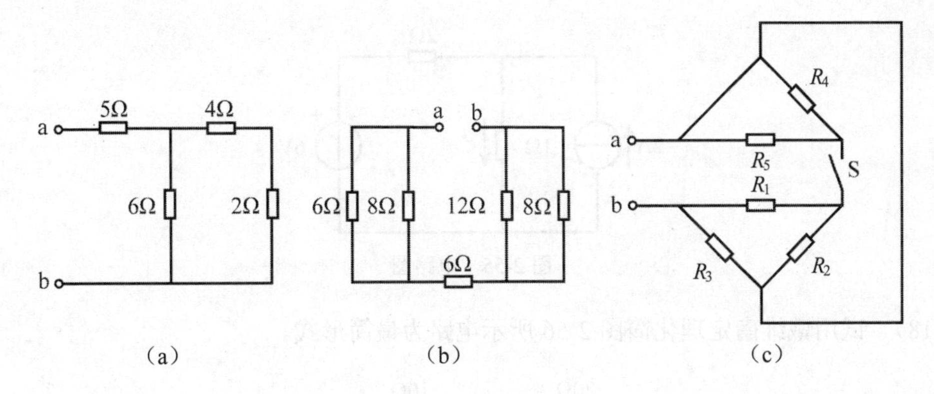

图 2-49　电路图

（14） 今有额定值分别为 110 V/60 W 和 110 V/40 W 的两只白炽灯，串联接在 220 V 的直流电压上。试计算：①两只白炽灯实际承受的电压是多少？实际消耗的功率为多少？电路中的电流为多少？②能否这样串联使用？③如果两只白炽灯都是 60 W，能否这样串联使用？

（15） 电路如图 2-50 所示。试求 U_{ab}。

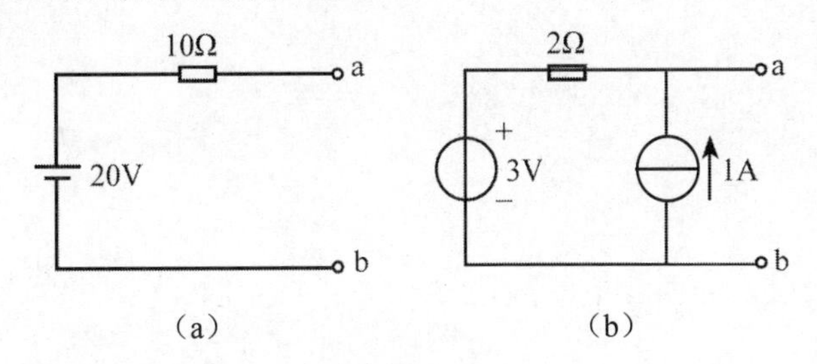

图 2-50　电路图

（16） 求图 2-51 所示电路中各未知电流。

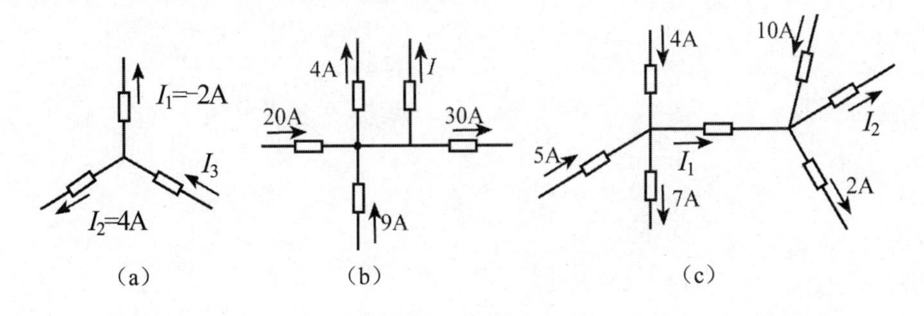

图 2-51　电路图

（17） 电路如图 2-55 所示。用叠加原理计算 1 Ω 电阻支路中的电流。

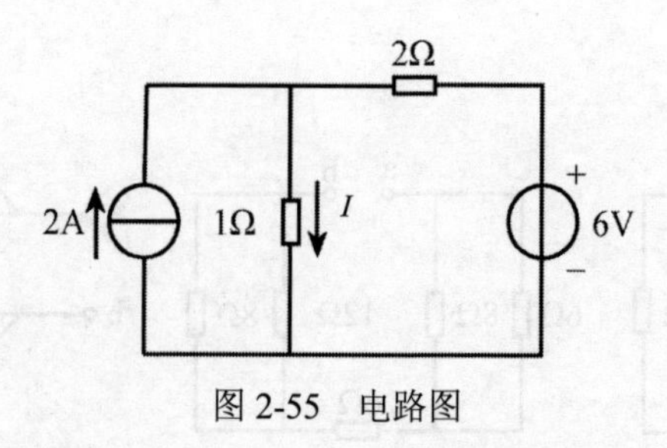

图 2-55　电路图

（18）　试用戴维南定理化简图 2-56 所示电路为最简形式。

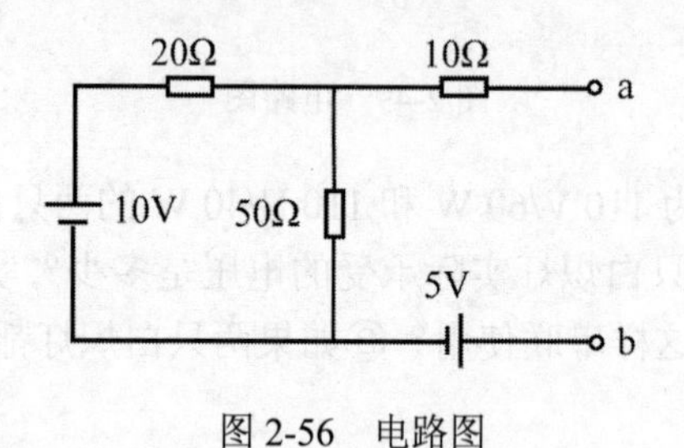

图 2-56　电路图

第 3 章　正弦交流电路

交流电应用最为广泛，是目前供电和用电的主要形式。交流电与直流电相比有其特殊的优点：第一，交流电可以方便地通过变压器变压，便于输送、分配和使用；第二，交流电动机比直流电动机结构简单、制造方便、运行可靠；第三，对交流电可以使用整流装置获得所需要的直流电。

3.1　正弦交流电的基本概念

大小和方向随时间按正弦函数规律变化的电流或电压称为正弦交流电流或正弦交流电压，统称为正弦交流或正弦量，如正弦交流电流为

$$I=I_m\sin(\omega t+\varphi) \qquad (3.1.1)$$

3.1.1　正弦量的三要素

由式（3.1.1）可知，确定一个正弦量必须具备三个要素：最大值 I_m（或有效值 I）、角频率ω和初相位 φ。

1.　瞬时值与最大值

（1）　瞬时值

由图 3-1 可知，正弦交流电流不同的时刻有不同的大小，任一时刻 t 所对应的电流值称为瞬时电流值，用 i 表示。

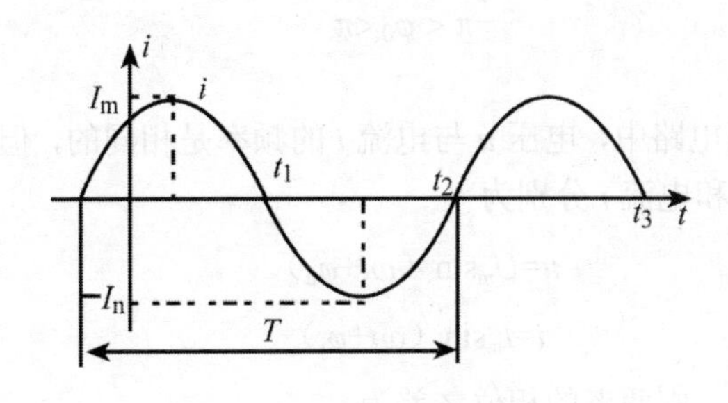

图 3-1　正弦交流电流波形

（2）　最大值

最大的瞬时值称为最大值，也称为振幅或峰值，用 I_m 表示。最大值反映了正弦量变化的范围。

2. 周期、频率与角频率

（1） 周期

正弦量变化一个循环所需的时间称为周期，用 T 表示，单位为 s（秒）。

（2） 频率

正弦量每秒时间内完成循环变化的次数称为频率，用 f 表示，单位为 Hz（赫[兹]）。周期与频率的关系为 $f=1/T$

（3） 角频率

正弦量变化一周经历了 2π弧度，如果正弦量每秒内变化 f 周，则经历了 $2\pi f$ 弧度。正弦量在每秒内经历的弧度数称为角频率，用 ω 表示，单位为 rad/s（弧度每秒）。角频率、频率与周期的关系为 $\omega=2\pi f=2\pi/T$

我国的工业标准频率（简称工频）是 50 Hz，它的周期是 0.02 s。世界上很多国家如欧洲各国的工频是 50 Hz。大多数美洲国家的工频是 60 Hz，如美国、加拿大。除工频外，某些领域还需要采用其他的频率。如音频信号的频率为 20 Hz～20 kHz，无线电通信的频率为 300 kHz 等。角频率反映了正弦量变化的快慢。

3. 相位、初相与相位差

（1） 相位

由式（3.1.1）知道，只有当（$\omega t+\varphi$）这个角度一定时，才能给出正弦量在某一瞬间的状态，这个角度称为正弦量的相位角，简称相位，单位 rad（弧度）。相位不仅确定正弦量瞬时值的大小、方向，而且反映出正弦量变化的进程。

（2） 初相

在计时起点 t=0 时，相位 $\omega t+\varphi=\varphi$，即 φ 是正弦量的起始相位，称为初相位。初相确定了正弦量在 t=0 时的初始值。φ 的大小和正负与选择的时间起点有关。通常规定正弦量由负值变化到正值经过的零点为该正弦量的零点，由正弦量零点到计时起点（t=0）之间对应的电角度即为初相位

$$-\pi < \varphi_0 < \pi$$

（3） 相位差

在同一个正弦交流电路中，电压 u 与电流 i 的频率是相同的，但初相位不一定相同，如图 2-2 所示。设电压 u 和电流 i 分别为

$$u=U_m\sin(\omega t+\varphi_u)$$

$$i=I_m\sin(\omega t+\varphi_i)$$

其初相位分别为 φ_u、φ_i。则两者的相位之差为

$$\Phi_{ui}=(\omega t+\varphi_u)-(\omega t+\varphi_i)=\varphi_u-\varphi_i$$

由此可见，两个同频率正弦量的相位差等于它们的初相之差，与时间无关。

当 $\varphi_{ui}>0°$ 时，u 比 i 先到达最大值，称在相位上 u 超前 i，如图 3-2（a）所示。

当 $\varphi_{ui}<0°$ 时，u 比 i 后到达最大值，称在相位上 u 滞后 i，如图 3-2（b）所示。

当 $\varphi_{ui}=0°$ 时，u 比 i 同相，如图 3-2（c）所示。

当 $\varphi_{ui}=180°$ 时，u 比 i 反相，如图 3-2（d）所示。

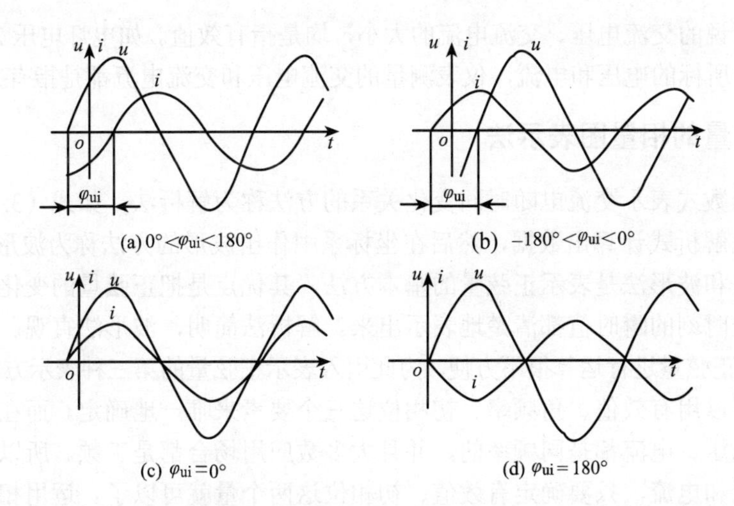

图 3-2 同频率正弦量的相位关系

例 3.1.1 已知正弦交流电压 $u=10\sqrt{2}\sin(314t+\pi/3)$ V、正弦交流电流 $i=5\sqrt{2}\sin(314t-\pi/6)$ A。求：①电压 u、电流 i 的最大值；②电压 u、电流 i 的频率与周期；③电压 u、电流 i 的初相与相位差，并说明两者的相位关系。

解：① $U_m=10\sqrt{2}$ V=14.1 V

$I_m=5\sqrt{2}$ A=7.07 A

② ω=3.14 rad/s，$f=\omega/2\pi=314/2\pi$ Hz

$T=1/f=1/50$s=0.02 s

③ $\varphi_u=\pi/3$rad，$\varphi_i=-\pi/6$rad

$\Phi_{ui}=\varphi_u-\varphi_i=[\pi/3-(-\pi/6)]$ rad

说明电压 u 比电流 i 超前 $\pi/2$rad（90°），亦称为 u 与 i 正交。

3.1.2 正弦量的有效值

由于最大值是一个特定瞬间的数值，无法用以表征正弦交流电流通过电阻做功的能力。因此，在实际工作中用有效值来计算交流电的大小。

交流电有效值是根据电流的热效应来定义的。如果交流电流 i 通过电阻 R 在一个周期 T 内所耗的电能，与直流电流 I 通过同一电阻在同一周期内所耗的电能相等，则这个直流电流 I 的数值称为交流电流的有效值，用 I 表示。

如上所述可得

$$\int_0^T Ri^2\mathrm{d}t = RI^2T$$

由此可得出交流电流的有效值

$$I=\sqrt{\frac{1}{T}\int_0^T i^2\mathrm{d}t}$$

理论与实际都可证明，有效值与最大值的关系为

$$I=1/\sqrt{2}\,I_m=0.707I_m$$
$$U=1/\sqrt{2}\,U_m=0.707U_m$$

工程上所说的交流电压、交流电流的大小，均是指有效值。如电灯电压 220 V，交流用电设备铭牌上所标的电压和电流，仪表测量的交流电压和交流电流都是指有效值。

3.1.3 正弦量的相量图表示法

用三角函数式表示交流电随时间变化关系的方法称为解析法，如式（3.1.1）所示。根据正弦交流电解析式计算出数据，然后在坐标系中作出波形的方法称为波形法，如图 3-1 所示。解析法和波形法是表示正弦量的基本方法，其优点是把正弦量的变化幅度、快慢、趋势以及每一时刻的瞬时值都清楚地表示出来。解析法简明，波形法直观。然而，用解析法、波形法对正弦量进行运算很不方便，为此引入表示正弦量的第三种表示方法：相量图法。

正弦量可以用有效值、角频率、初相位这三个要素来唯一地确定。而在同一个正弦交流电路中，电压、电流都是同频率的，并且大多数应用场合都是工频。所以讨论正弦交流电路中的电压和电流，只要确定有效值、初相位这两个量就可以了。运用相量图表示法即可达到这样的目的。所谓相量图法，是将正弦量用一个有向线段的大小和方向（位置）分别表示正弦量的有效值（或最大值）和初相的方法，它们的加、减服从几何法则（平行四边形法则）。则该有向线段称为正弦量的相量图表示法，简称相量图法。设正弦交流电压和电流分别为 $u=\sqrt{2}\,U\sin(\omega t+\varphi_u)$ 和 $i=\sqrt{2}\,I\sin(\omega t+\varphi_i)$，则其对应的相量如图 3-3 所示。其电压和电流分别用 $\dot{U}$ 和 $\dot{I}$ 表示。

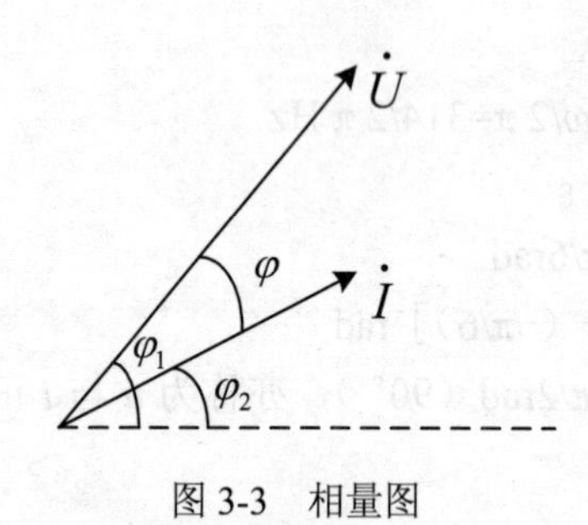

图 3-3 相量图

3.2 单一参数正弦交流电路

在正弦交流电中，电阻 R，电感 L，电容 C，是电路中的三个参数，因此分析由三个参数组成的交流电路具有普遍的意义。

3.2.1 电阻交流电路

电阻元件交流电路是最简单的交流电路，它由交流电源和电阻元件组成，如图 3-4（a）所示。在日常生活和工作中接触到的白炽灯、电炉、电烙铁等，都属于电阻性负载，它们与交流电源一起组成电阻电路。

1. 电压与电流之间的关系

当电阻元件两端接上正弦交流电源，电阻中就有正弦交流电源通过，并且电阻上电压与电流的关系服从欧姆定律，即

$$u=Ri \tag{3.2.1}$$

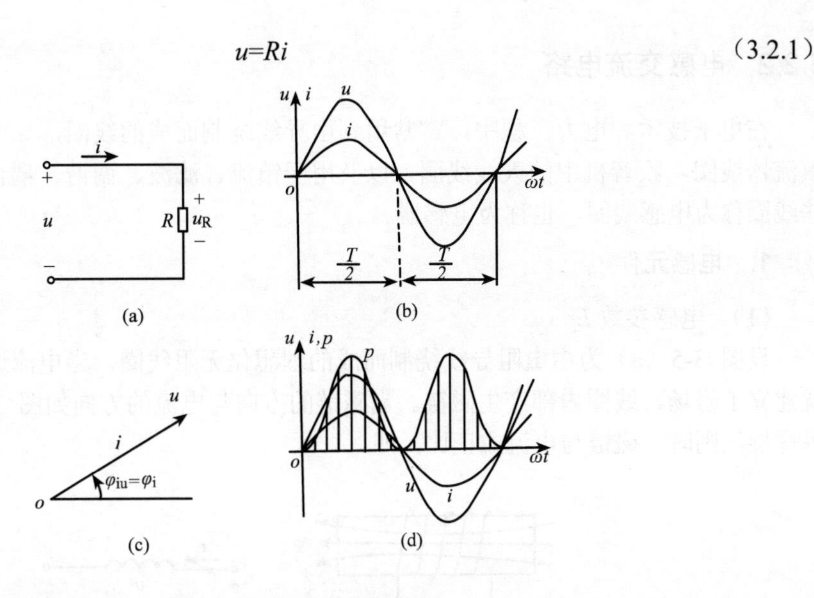

图 3-4　电阻元件交流电路

设通过电阻的正弦交流电流为

$$\begin{aligned} i &= I_m \sin \omega t = \sqrt{2} I \sin \omega t \\ u &= Ri = RI_m \sin \omega t = R\sqrt{2} I \sin \omega t = U_m \sin \omega t \sqrt{2} U \sin \omega t \end{aligned} \tag{3.2.2}$$

比较电压与电流可得：

（1）　电阻元件上的电压和电流为同频率的正弦量。

（2）　电压和电流的最大值或有效值之间的关系符合欧姆定律，即

$$\begin{aligned} U_m &= RI_m \\ U &= RI \end{aligned} \tag{3.2.3}$$

（3）　电压和电流的相位相同（相位差为 0 度）。

电压 u 和电流 i 的波形图及相量图分别如图 3-4（b）及（c）所示。

2.　功率

（1）　瞬时功率

在交流电路中，电路元件上的瞬时电压和瞬时电流之积为该元件的瞬时功率，用 P 表示，单位为 W（瓦）。

$$p=ui \tag{3.2.4}$$

p 的波形图如图 3-4（d）所示。由图可知，p 也是时间的函数，并且 $p \geqslant 0$，表示电阻总是从电源取用功率，是一个耗能元件。

（2）　有功功率（平均功率）

瞬时功率计算起来很不方便，因此在工程上常取它在一个周期内的平均值，称为平均功率，用 P 表示，单位为 W（瓦）。可以证明

$$P=UI \tag{3.2.5}$$

平均功率反映了元件实际消耗电能的情况，所以又称为有功功率。在用电设备上所标的功率都是有功功率。

3.2.2 电感交流电路

在电子技术和电力工程中，常常用到由导线绕制而成的线圈，如变压器线圈、日光灯镇流器线圈，收音机中的天线线圈，以及用于镇流、滤波、调谐、耦合等作用的线圈。这些线圈称为电感线圈，也称为电感器。

1. 电感元件

（1） 电感参数 L

设图 3-5（a）为由电阻导线绕制而成的理想化无阻线圈，当电流通过线圈时，其周围就建立了磁场，线圈内部产生磁链。当磁链的方向与电流的方向如图 3-5（a）所示符合右手螺旋法则时，磁链与电流成正比，即

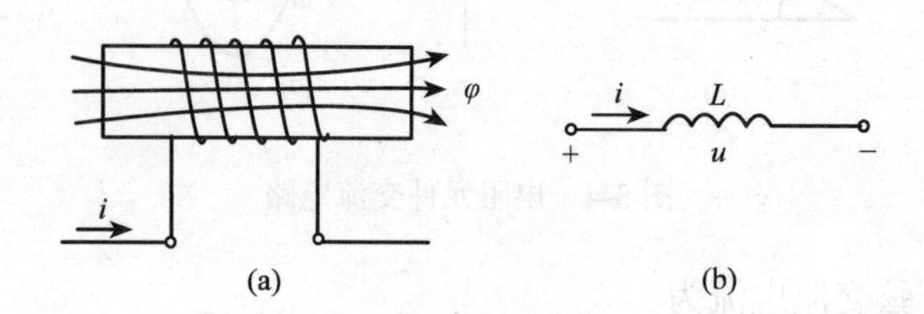

图 3-5 电感元件

$$\varphi = Li$$

$$L = \frac{\varphi}{i} \tag{3.2.6}$$

式中磁链与电流的比值 L 称为线圈的电感量，如图 3-5（b）所示，电感量的单位为（亨[利]）。具有 L 参数的电路元件称为电感元件，简称电感。

空心线圈的电感量是一个常数，与通过的电流无关，这种电感称为线性电感。线性电感的大小只与线圈的形状、尺寸、匝数有关。一般而言，线圈直径的截面积越大，匝数越密，电感量越大。

（2） 电感的伏安关系

根据电磁感应定律，当线圈中电流 i 发生变化时，就会在线圈中产生感应电动势，因而在电感两端形成感应电压 u，当感应电压 u 与电流 i 的参考方向如图 3-5（b）所示一致时，其伏安关系为

$$u = \frac{d\varphi}{dt} = L\frac{di}{dt} \tag{3.2.7}$$

即电感电压与电流的变化率成正比。

由式（3.2.7）可知，当 $\frac{di}{dt} \neq 0$ 时说明变化的交变电流通过电感，电感两端有感应电压存在。当电流在瞬间变化很大（如开关的断与闭），则在电感两端就产生一个很高的脉冲电压。例如在日光灯电路开关闭合后，起辉器由闭合到断开时，流过镇流器中的电流突然变化而产生很高的电压，利用此电压来作为日光灯的启动电压，点亮日光灯，如图 3-6 所示。当 $di/dt=0$ 时，$u=0$，说明直流电流通过电感时，两端感应电压为零，相当于短路。

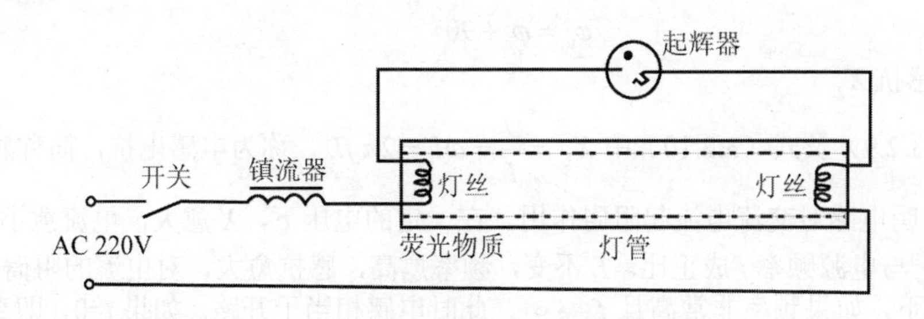

图 3-6　日光灯电路结构图

2. 电感交流电路

（1）电压与电流之间的关系

图 3-7（a）所示为电感交流电路，当通过电感的电流为 $i = I_{\rm m}\sin\omega t$ 时，电感两端的电压为

$$u = L\frac{{\rm d}i}{{\rm d}t} = \omega LI_{\rm m}\cos\omega t = U_{\rm m}\sin(\omega t + 90°) \tag{3.2.8}$$

由式（3.2.8）可知，电感电路中电流 i 与两端电压 u 之间有如下关系。

① 电感元件上的电压和电流为同频率的正弦。

② 电压和电流的最大值或有效值之间的关系符合欧姆定律，即式（3.2.9）和式（3.2.10）。

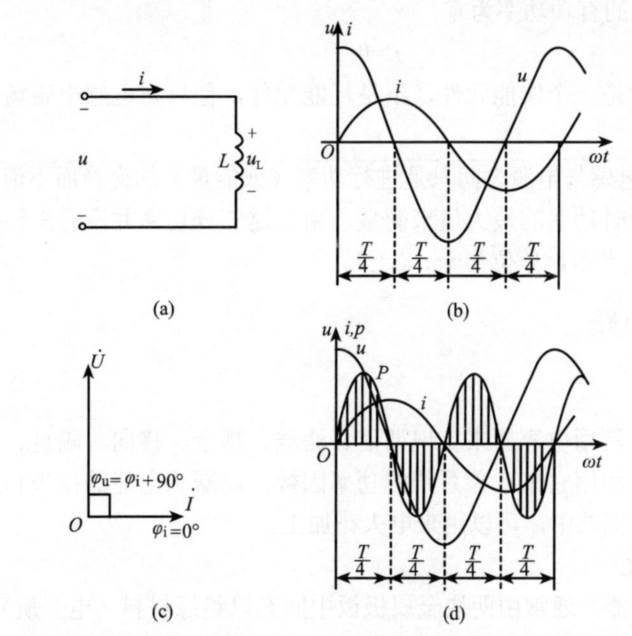

图 3-7　电感元件交流电路

$$\begin{aligned} U_{\rm m} &= \omega LI_{\rm m} = X_{\rm L}I_{\rm m} \\ U &= \omega LI \ = X_{\rm L}I \end{aligned} \tag{3.2.9}$$

式中

$$X_{\rm L} = \omega L = 2\pi fL \tag{3.2.10}$$

③ 在关联参考方向下，电压相位超前电流相位90°，即

$$\varphi_u = \varphi_i + 90° \quad (3.2.11)$$

（2） 感抗 X_L

在式（3.2.9）及式（3.2.10）中 $X_L = \dfrac{U}{I} = \omega L = 2\pi fL$，称为电感电抗，简称感抗，单位为 Ω。它表明电感对交流电流起阻碍作用。在一定的电压下，X 愈大，电流愈小。

感抗 X_L 与电源频率 f 成正比。L 不变，频率愈高，感抗愈大，对电流的阻碍作用愈大。在极端情况下，如果频率非常高且 $f \to \infty$，此时电感相当于开路。如果 f=0，即直流时，则 X_L=0，此时电感相当于短路。电感元件这种“通直流、阻交流；通低频，阻高频”的性质，在电子技术中被广泛应用，如滤波、高频扼流等。

（3） 功率

① 瞬时功率：电感元件上的瞬时功率为

$$p = ui = U_m \cos\omega t I_m \sin\omega t = \frac{1}{2}U_m I_m \sin 2\omega t = UI\sin 2\omega t \quad (3.2.12)$$

可见，电感元件的瞬时功率也是随时间变化的正弦量，其频率为电源频率的两倍，如图 3-7（d）所示。从图可以看出，电感在第一和第三个 1/4 周期内，$p>0$，从电源吸收能量，并将它转化为磁能储存起来；在第二和第四个 1/4 周期内，$p<0$，释放能量，将磁能转化成电能而送回电源。

② 有功功率：由式（3.2.12）的瞬时功率表达式可知，瞬时功率在一个周期内的平均值为零，即电感元件的有功功率为零

$$P=0 \quad (3.2.13)$$

这说明电感元件是一个储能元件，不是耗能元件，他只将电感中磁场能和电源的能量进行能量交换。

③ 无功功率：电感与电源之间只是进行功率（或能量）的交换而不消耗能量，其交换功率的大小通常用瞬时功率的最大值来衡量。由于这部分功率并没有消耗掉，故称为无功功率。无功功率用 Q 表示，单位为 var（乏）。

3.2.3 电容交流电路

1. 电容元件

在电子技术中，常用电容器来实现调谐、滤波、耦合、移向、隔直、旁路、选频等作用。在电力系统中，利用它来改善系统的功率因数，以减少电能的损失和提高电气设备的利用率。在机械加工工艺中，可以用来电火花加工。

（1） 电容参数 C

电容元件（电容器）通常由两块金属极板中间充以绝缘材料（电介质）组成，如图 3-8（a）所示为平板电容器示意图。电容器加上电压后，极板上分别聚集起等量异号的电荷，在介质内建立起磁场，并储存电场能量，所以电容器是一种能够储存电场能量的元件。

对于一个给定的电容器，极板上的电荷 q 与外加电压 u 成正比，即

$$q=Cu$$

$$C=q/u \quad (3.2.14)$$

式中电荷与电压的比值 C 称为电容器的电容量，如图 3-8（b）所示，电容量的单位是 F（法

[拉])。具有参数 C 的电路元件称为电容元件，简称电容。

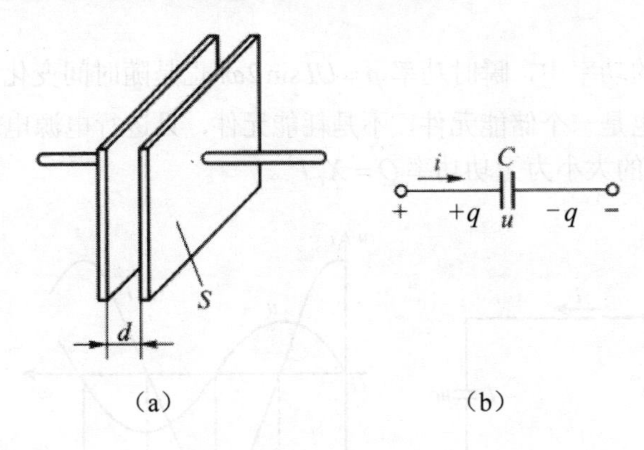

图 3-8　电容元件

当电容量 C 是一个常数，与两端电压无关时，这种电容称为线性电容。线性电容的大小与电容器的形状、尺寸及电介质有关，如极板电容器的电容为

$$C=\varepsilon\frac{S}{d} \tag{3.2.15}$$

式中 S 为极板面积，D 为两平行极板之间的距离，ε 为电介质的介电常数。

（2） 电容的伏安关系

当电容两端电压变化时，极板上的电荷也相应地变化，这时电容器所在的电路就有电荷做定向运动，形成电流。如图 3-9（b）中，选定电容上电压与电流的参考方向为关联参考方向时，电容的伏安关系为

$$I=\mathrm{d}q/\mathrm{d}t=C\mathrm{d}u/\mathrm{d}t \tag{3.2.16}$$

即电容电流与电压的变化率成正比。

由式（3.2.16）可知，当 $\mathrm{d}u/\mathrm{d}t$ 不等于 0 时，I 不等于 0，说明变化的电流电压加到电容器两端时，电容中就有电流存在。当 $\mathrm{d}u/\mathrm{d}t$ 等于 0 时，I 等于 0，说明直流电压加到电热器两段时，电容中没有电流通过，电容器相当于开路。

2. 电容交流电路

电容交流电路如图 3-9（a）所示，当电容器两端的电压为 $u=U_m\sin\omega t$ 时，通过电容的电流为

$$i=C\frac{\mathrm{d}u}{\mathrm{d}t}=\omega CU_\mathrm{m}\cos\omega t=I_\mathrm{m}\sin(\omega t+90°) \tag{3.2.17}$$

根据分析知道，电容电路中的电压与电流之间的关系及功率，与电感电路中相应的内容十分类似。

注意：① 电容元件电路中，电流相位超前电压相位 90º，即

$$\varphi_\mathrm{i}=\varphi_\mathrm{u}+90°。$$

② 电容容抗，表明电容对交流电流起阻碍作用。容抗 X_C 与电源频率 f 成反比。在 C 不变的条件下，频率愈高，容抗愈小，对电流的阻碍作用愈小。在极端情况下，如果 $f\to\infty$，则 X_C=0，此时电容相当于短路。如果直流 f=0，此时电容相当于开路。电容元件这种“通

交流、隔直流；通高频，阻低频”的性质，在电子技术中被广泛应用于旁路、隔直、滤波等方面。

③ 在电容电路的功率中，瞬时功率 $p = UI\sin 2\omega t$ 也是随时间变化的正弦量。有功功率 p=0，说明电容元件也是一个储能元件，不是耗能元件，只进行电源电能和电容电场能之间的交换，其交换功率的大小为无功功率 $Q = X_C I^2$。

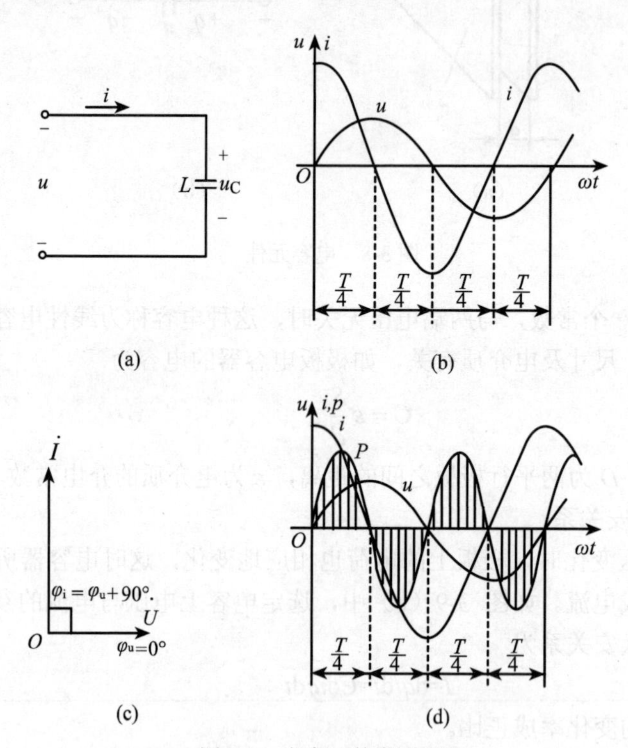

图 3-9　电容元件交流电路

3.3　R-L 串联电路

上节讨论了单一参数的正弦交流电路，但在实际应用中，电阻、电感、电容三个参数往往并不单独存在，常常既有电感又有电阻，或既有电容又有电阻，有时甚至三个元件同时存在。

一般感性负载如电动机、变压器和电磁铁等都可等效成由电感和电阻相串联的电路，如图 3-10（b）所示。

日光灯电路是最常见的 R-L 串联电路，它是由振流器（包括线圈电感和线圈电阻）和灯管（电阻）串联起来，再接到交流电源上。其电路结构如图 3-6 所示，电路图和等效原理图分别如图 3-10（a）和（b）所示。在图 3-10（a）中，交流电源电压 u 为 220 V，用电压表测得镇流器两端电压为 190 V，灯管两端电压为 110 V，显然 $U \neq U_1 + U_2$，其原因是 u_1、u_2 的相位不同。

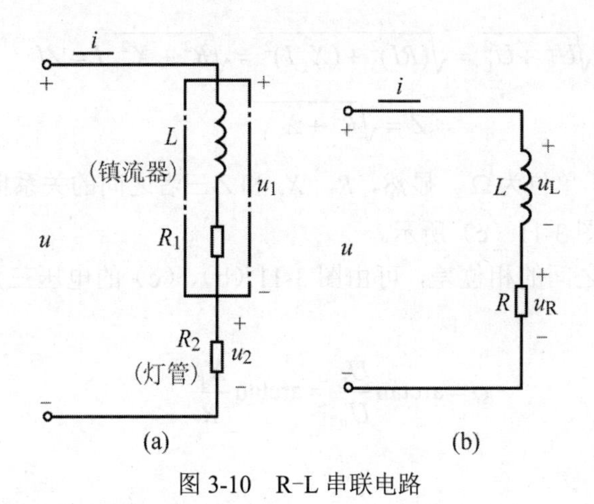

图 3-10　R-L 串联电路

3.3.1　电压和电流的关系

在图 3-10（b）中，设通过电路的电流为 $i=\sqrt{2}I\sin\omega t$，则

$$u_R=\sqrt{2}RI\sin\omega t=\sqrt{2}U_R\sin\omega t$$

$$u_L=\sqrt{2}X_L I\sin(\omega t+90°)=\sqrt{2}U_L\sin(\omega t+90°)$$

由基尔霍夫定律可得

$$u=u_R+u_L \tag{3.3.1}$$

于是可由 i、u_R、u_L 做相量图，并做出 u 的相量 $\dot{U}$，如图 3-11（a）所示。

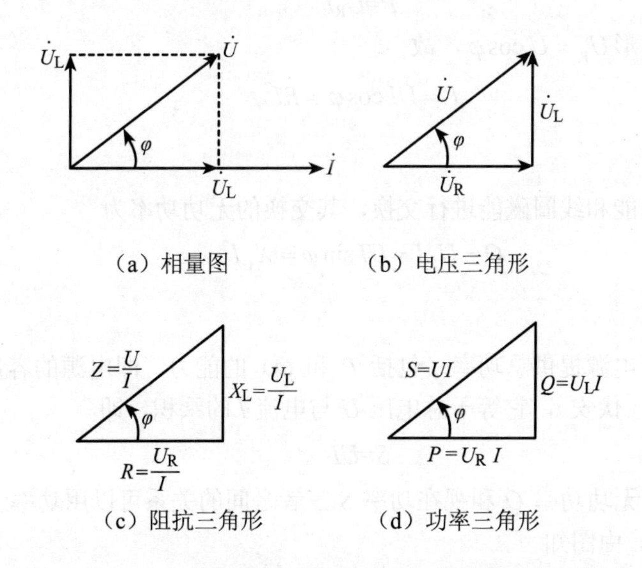

图 3-11　R-L 串联电路的相量图与电压、阻抗与功率三角形

由图可见，$\dot{U}$、$\dot{U}_R$、$\dot{U}_L$ 构成一个直角三角形，称为电压三角形，如图 3-11（b）所示。按照电压三角形求得总电压为

$$U=\sqrt{U_R^2+U_L^2}=\sqrt{(RI)^2+(X_LI)^2}=\sqrt{R^2+X^2{}_L}I=ZI \quad (3.3.2)$$

$$Z=\sqrt{R^2+X^2{}_L} \quad (3.3.3)$$

Z 称为电路阻抗，单位为 Ω。显然，R、X_L 和 Z 三者之间的关系也为一个直角三角形，称为阻抗三角形，如图 3-11（c）所示。

电压 u 和电流 i 之间的相位差，可由图 3-11（b）、（c）的电压三角形或阻抗三角形求得

$$\varphi=\arctan\frac{U_L}{U_R}=\arctan\frac{X_L}{R} \quad (3.3.4)$$

故，电路两端电压为

$$u=\sqrt{2}U\sin(\omega t+\varphi)=\sqrt{2}ZI\sin(\omega t+\varphi) \quad (3.3.5)$$

因此，Z、R、X_L 不仅表示了电压 u、u_R、u_L 与电流 i 之间的大小关系，也表示了它们之间的相位关系。

3.3.2 功率

1. 有功功率（平均功率）

有功功率是电路所消耗的功率。在 R-L 串联电路中，只有电阻消耗功率。所以，电路的有功功率为

$$P=U_RI \quad (3.3.6)$$

根据电压三角形 $U_R=U\cos\varphi$，故

$$P=UI\cos\varphi=RI^2 \quad (3.3.7)$$

2. 无功功率

电路中电源电能和线圈磁能进行交换，其交换的无功功率为

$$Q=U_LI=UI\sin\varphi=X_LI^2 \quad (3.3.8)$$

3. 视在功率

视在功率表示电源提供总功率（包括 P 和 Q）的能力，即电源的容量。视在功率用 S 表示，单位为 VA（伏安），它等于总电压 U 与电流 I 的乘积，即

$$S=UI \quad (3.3.9)$$

有功功率 P、无功功率 Q 和视在功率 S 三者之间的关系可以用功率三角形来表示，如图 3-11（d）所示。由图知

$$S=\sqrt{P^2+Q^2} \quad (3.3.10)$$

4. 功率因数

在 R-L 串联电路中，既有耗能元件电阻 R，又有储能元件电感 L，因此电源提供的总功率一部分为有功功率，另一部分为无功功率，它不能被负载完全吸收。这样就存在电源功

率的利用率问题。为了反映功率利用率，把有功功率与视在功率的比值称为功率因数。由式（3.3.7）及式（3.3.9）知，功率因数为

$$\cos\varphi=\frac{P}{S} \tag{3.3.11}$$

上式表明，当视在功率一定时，在功率因数越大的电路中，用电设备的用功功率也越大，电源输出功率就越高。因此，功率因数是衡量交流电路运行状态的重要指标。

3.4 感性负载与电容并联电路

3.4.1 功率因数的改善

在整个电力系统中，感性负载占的比重相当大，如广泛使用的日光灯、电动机、电焊机、电磁铁、接触器等都是感性负载，感性负载消耗的有功功率与电路的功率因数成正比。一般感性负载的功率因数较低，如生产中广泛应用到的异步电动机。

功率因数低会引起不良后果。

1. 电源设备利用率低

在 $P=UI\cos\varphi$ 中，显然 $\cos\varphi$ 愈小，有用功功率愈小，无功功率愈大，即负载与电源之间的能量交换规模愈大，电源设备的利用率愈低。

2. 输电线路的电压损耗和功率损耗将增加

由 $I=\dfrac{P}{U\cos\varphi}$ 知，当电源电压 U 和输出功率 P 一定时，I 就与 $\cos\varphi$ 成反比，因而功率因数愈小，线路中的电流愈大，线路的电压损耗和功率损耗就愈大，从而影响负载的正常工作，日光灯变暗、电动机转速降低等。

可见，功率因数 $\cos\varphi$ 是交流电网的一个重要经济技术指标。提高和改善功率因数，可以节省电能，提高电源设备利用率，能带来显著的经济效益。

3.4.2 感性负载与电容并联电路

如何提高和改善电路的功率因数？应用最广泛的方法就是在感性负载两端并联电容，如图 3-12（a）所示。

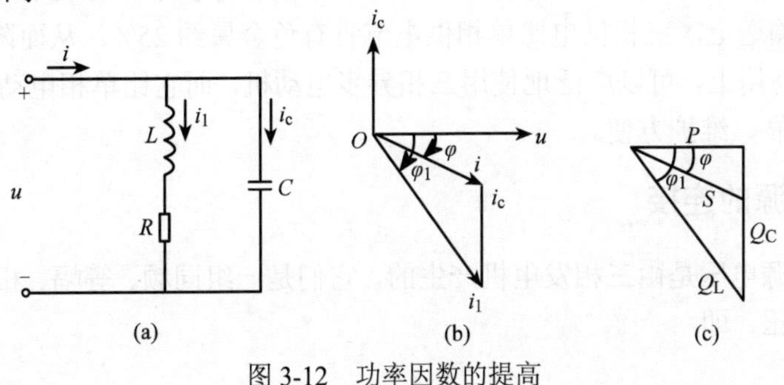

图 3-12 功率因数的提高

1. 电压和电流的关系

设电源电压为$u = \sqrt{2}U \sin \omega t$，则流过感性负载的电流为：

$$I_1 = \frac{U}{\sqrt{R^2 + X_L^2}} = \frac{U}{\sqrt{R^2 + (\omega L)^2}} \tag{3.4.1}$$

电流i_1滞后电压u的角度

$$\varphi_1 = \arctan \frac{X_L}{R} = \arctan \frac{\omega L}{R} \tag{3.4.2}$$

流过电容支路的电流为

$$I_C = \frac{U}{X_C} = \omega C U \tag{3.4.3}$$

电流i_c比电压u超前90°，它们的相量图如图3-12（b）所示。

电路总电流为

$$i = i_c + i_1 \tag{3.4.4}$$

i可用图3-12（b）所示的相量图求得。由图可知，并联电容C前后的电路功率因数分别是$\cos\varphi$和$\cos\varphi_1$。因为$\varphi < \varphi_1$，所以$\cos\varphi > \cos\varphi_1$，即并联电容后，提高了功率因数。

2. 并联电容的计算公式

由上可知，在感性负载上并联电容，可以提高和改善电路的功率因数，如果已知并联电容前后的功率因数，则根据数学推导，可得并联电容的计算公式

$$C = \frac{P}{U^2 \omega}(\tan\varphi_1 - \tan\varphi) \tag{3.4.5}$$

式中P为电路的有功功率，ω为电源电压的角频率，U为电源电压。

3.5 三相正弦交流电路

所谓三相正弦交流电路是指由三个频率相同，振幅相等而相位互差120°的正弦交流电源所组成的三相电路系统。

它比单相交流电路有一下几个优点：

1. 在发电设备上，三相的比单相的节省材料，而且体积小，有利于制造大容量机组。
2. 在电能输送上，三相供电比单相供电节省有色金属约25%，从而降低了成本。
3. 在用户使用上，可以广泛地使用三相异步电动机，而它比单相电动机结构简单、价格低廉、运行可靠、维护方便。

3.5.1 三相电源的连接

三相交流电源电压是由三相发电机产生的，它们是一组同频、等幅、相位互差120°的对称正弦交流电压，即

$$u_u = U_m \sin\omega t$$
$$u_v = U_m \sin(\omega t + 120^\circ) \qquad (3.5.1)$$
$$u_w = U_m \sin(\omega t - 120^\circ)$$

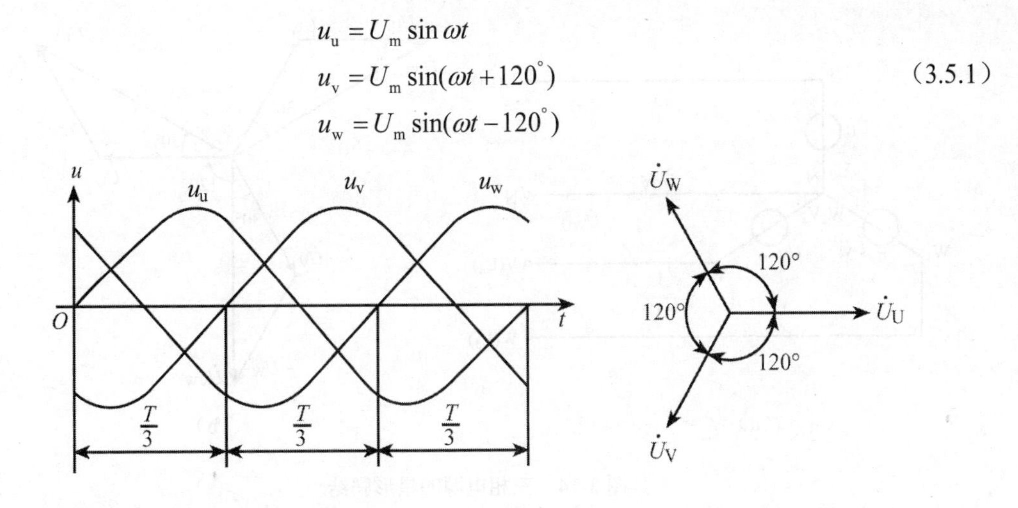

图 3-13　三相交流电压波形图、相量图

其波形图、向量图如图 3-13 所示。对称三相正弦量达到最大值的先后次序称为相序，由图 3-13（b）知，u_u、u_v、u_w 的相序为 $U-V-W$。

1.　星形连接（Y）

图 3-14（a）为三相电源的星形连接。图中电源的负端（末端）连接成一点 N，N 称为中性点，简称中点或零点。三相电源的正端（首端）引出与负载相连。从电源正端引出的三根供电线称为相线或端线，俗称火线，用 L_1，L_2，L_3 分别表示。从中点 N 引出的供电线称为中性线或零线，用 N 表示。在应用最多的低压供电系统中，中点通常是接地的，因而中性线又称地线。

由三根相线和一根中性线组成的输电方式称为三相四线制，如图 3-14（a）所示。通常在低压供电系统中采用。只由三根相线所组成的输电方式称为三相三线制，通常在高压输电中使用。

三相电源接成星形时，有两种电压，相线与中性线之间的电压为相电压，相线与相线之间为线电压。图 3-14（a）中的 u_u、u_v、u_w 或 $\dot{U}_u$、$\dot{U}_V$、$\dot{U}_W$ 为相电压；相线与相线之间的电压称为线电压，如图 3-14（a）的 u_{uv}、u_{vw}、u_{wu} 和 $\dot{U}_{uv}$、$\dot{U}_{vw}$、$\dot{U}_{wu}$。

各相线电压与线电压之间的关系为

$$u_{uv} = u_u - u_v$$
$$u_{vw} = u_v - u_w \qquad (3.5.2)$$
$$u_{wu} = u_w - u_u$$

其相量图如图 3-14（b）所示。

由相量图分析得到，线电压 U_L 与相电压 U_p 的大小关系为

$$U_L = \sqrt{3} U_P \qquad (3.5.3)$$

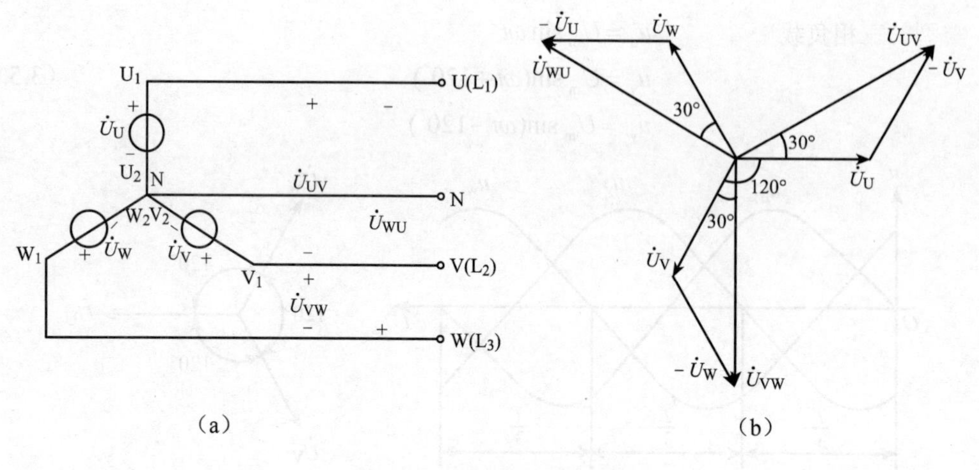

图 3-14　三相电源的星形联结

2. 三角形连接（Δ）

如图 3-15 所示为三相电源的三角形连接。图中将一相电压源的末端与另一相电压源的首端依次连接成三角形，再从首端引出相线。显然，这种供电方式只能是三相三线制。由图可知，相电压等于线电压，其大小关系有$U_{\mathrm{L}}=U_{\mathrm{P}}$。注意，三相电源进行三角形连接时，一定要确保三相电源首尾相连，如果不慎将一电源接反，将在电源内部产生很大的环流，导致发电机绕组或变压器绕组烧坏。

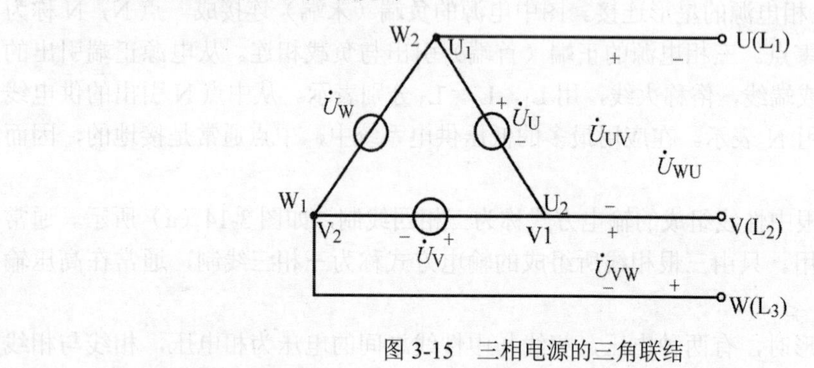

图 3-15　三相电源的三角联结

3.5.2　三相负载的连接

三线交流电路的负载按其对供电电源的要求可分为三相负载和单相负载两类。

三相负载：必须接在三相电源上才能工作，特点是其负载的阻抗相等，称为三相负载。如三相交流电动机、大功率三相电阻炉、三相整流装置等。这类负载的特点是三相的负载阻抗相等，称为对称负载。

单相负载：只需由三相电源中一相供电即可供电，通常功率较小的负载为单相负载，如照明灯、电风扇、洗衣机、电冰箱、电视机、小功率电炉、电焊机等。为了使三相电源供电均衡，这种负载要大致平均分配到三相电源的三相上。这类负载的每相阻抗一般不相等，属于不对称负载。

典型的三相负载连接如图 3-16 所示。

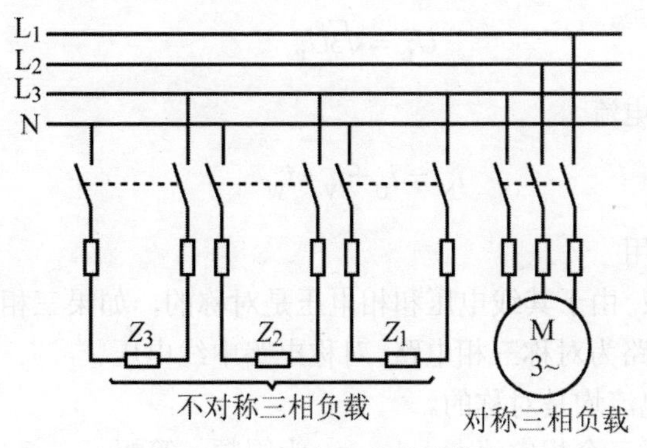

图 3-16　三相负载的连接

1. 星形连接

如图 3-17 所示为三相负载作星形连接时的三相四线制（Y-Y）电路。图中相线与相线之间的电压为线电压U_L，相线与中性线之间的电压为相电压U_P。流过相线的电流为线电流I_L，流过负载的电流称为相电流I_P。

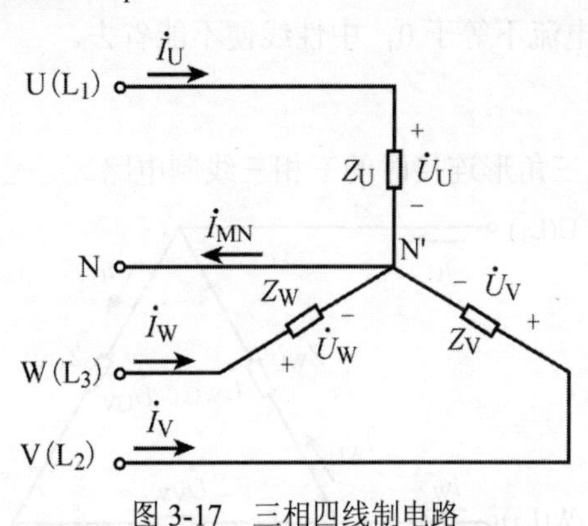

图 3-17　三相四线制电路

（1）电压与电流的关系

三相四线制接法的特点是：

① 相电流=线电流，即

$$I_L=I_P \tag{3.5.4}$$

说明流过负载的电流就是相线上的电流，各相电流为

$$I_U=\frac{U_U}{Z_U}$$
$$I_V=\frac{U_V}{Z_V} \tag{3.5.5}$$
$$I_W=\frac{U_W}{Z_W}$$

② 线电压为相电压的$\sqrt{3}$倍，即

$$U_L = \sqrt{3}U_P \tag{3.5.6}$$

③ 流过中性线的电流

$$i_N = i_U + i_V + i_W \tag{3.5.7}$$

（2） 中性线的作用

① 三相对称电路：由于其线电压和相电压是对称的，如果三相负载 $Z_u=Z_v=Z_w$ 也是对称的，则这样的三相电路为对称三相电路。对称电路中线电压、相电压、线电流和相电流均是对称的。

相电流对称，是指三个相电流i_U、i_V、i_W为同频、等幅、相位互差120°的正弦量，其相量图如图 3-18 所示。由于负载相电流对称，由相电流可知，三相对称电路的中性线电流i_N=0。中线没有电流，便可以省略，并不影响电路的正常工作。这样三相四线制就变成三相三线制供电即可。

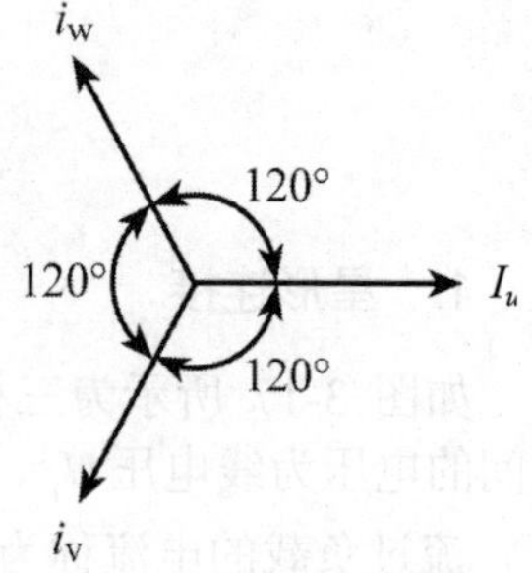

图 3-18 三相对称电流

② 三相不对称电路：如果三相负载Z_U、Z_V、Z_W不对称，即负载不对称，则中性线电流不等于 0，中性线便不能省去。

2. 三角形连接（△）

图 3-19 为三相负载作三角形连接时的三相三线制电路。

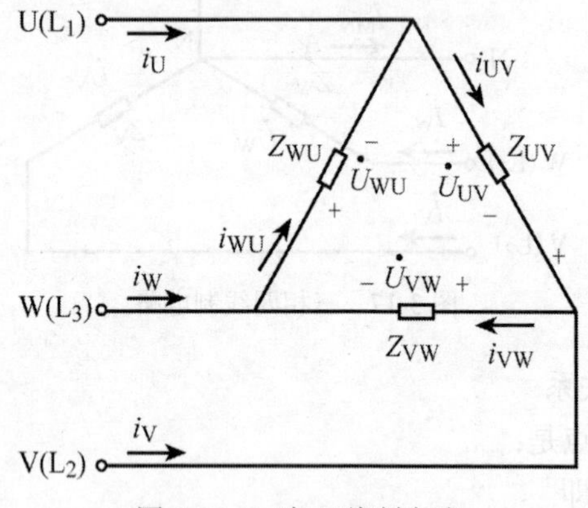

图 3-19 三相三线制电路

由于三相电源是对称的，如果负载也对称，即 $Z_U=Z_V=Z_W$，则图 3-19 为对称三相三线制（△-△）电路，其电压、电流的关系：

① 线电压等于相电压，即

$$U_L = U_P \tag{3.5.8}$$

说明负载两端的电压等于两根相线之间的电压。

② 线电流为相电流的$\sqrt{3}$倍，即

$$I_L = \sqrt{3}I_P \tag{3.5.9}$$

3.5.3 三相电路的功率

在三相交流电路中，不论负载采用星形连接还是三角形连接，三相负载消耗的总功率等于各相负载消耗的功率之和。即

$$P = P_U + P_V + P_W \quad (3.5.10)$$

如果三相电路为对称电路，则表明各相负载的有功功率相等，则

$$P = 3U_P I_P \cos\varphi_P \quad (3.5.11)$$

由于负载为星形连接时$U_L = \sqrt{3}U_P$，$I_L = I_P$；负载为三角形连接时$U_L = U_P$，$I_L = \sqrt{3}I_P$，因此，可以得出

$$P = \sqrt{3}U_L I_L \cos\varphi_P \quad (3.5.12)$$

与单相交流电路一样，三相负载中既有耗能元件，也有储能元件。因此，三相交流电路中除有有功功率外，也有无功功率和视在功率。其分别为

$$Q = \sqrt{3}U_L I_L \sin\varphi_P \quad (3.5.13)$$

$$S = 3U_P I_P = \sqrt{3}U_L I_L = \sqrt{P^2 + Q^2} \quad (3.5.14)$$

本章小结

1. 交流电是指大小和方向随时间做周期性往复变化的电压和电流。正弦交流电具有幅值I_m、角频率ω和初相位φ三个特征量，也称三要素。电流可用三角函数形式表示为$i = I_m \sin(\omega t + \varphi)$。

2. 正弦交流电可以用旋转的相量来表示；按照各个正弦量的大小和相位关系用初始位置的有向线段画出的若干个相量的图形，称为相量图。在相量图上能形象地看出各个正弦量的大小和相互间的相位关系。

3. 交流电路中的基本元件有电阻元件、电感元件和电容元件。

4. 本章介绍了纯电阻电路、纯电感电路、纯电容电路及电阻、电感与电容元件串联的交流电路的规律。

5. 三相负载的连接方式有两种，即星形连接和三角形连接，采用哪种连接要视负载的额定电压与电源电压而定。三相负载做星形连接时，各相负载承受相电压，线电流与对应的相电流相等。若三相负载对称，则中线电流为零，可省去中线而采用三相三线制；若三相负载不对称，则中线电流不为零，必须接中线以确保三相电压对称。

6. 三相负载做三角形连接时，各相负载承受线电压，线电流等于相邻两相电流的差值。若三相负载对称，则线电流在数值上是相电流的$\sqrt{3}$倍。

7. 三相总功率、无功功率分别等于各相的有功、无功功率之和；三相视在功率$S = \sqrt{P^2 + Q^2}$，在三相负载不对称的情况下它不等于各视在功率之和。若三相负载对称，则星形和三角形连接的负载，都可以用下列公式计算三相功率：

$$P = \sqrt{3}U_P I_P \cos\varphi$$

$$Q = \sqrt{3}U_L I_L \sin\varphi$$

$$S = \sqrt{3}U_L I_L$$

上式中的φ都是相电压与对应相电流的相位的相位差角，并非是线电压与对应线电流的相位差角。

练习题

1. 已知$i_1 = 15\sin(314t + 45°)$A，$i_2 = 15\sin(314t - 30°)$A，（1）求i_1和i_2的相位差等于多少？（2）画出i_1和i_2的波形图；（3）比较i_1和i_2的相位，谁超前，谁滞后？

2. 已知，$i_1 = 15\sin(100\pi t + 45°)$A，$i_2 = 15\sin(200\pi t - 15°)$A，两者的相位差为60°，对吗？

3. 什么是感抗？什么是容抗？它们的大小和哪些因素有关？

4. 日光灯管与镇流器接到交流电源上，可以看成是R-L串联电路。若已知灯管的等效电阻$R_1 = 280\,\Omega$，镇流器的电阻和电感分别是$R_2 = 20\Omega$，L=0.65 H，电源电压U=220 V。（1）求电路中的电流；（2）计算灯管两端与镇流器上的电压，这两个电压加起来是否等于220 V？

5. 有一电动机，其输入功率为1.21 kW，接在220 V，50Hz的交流电源上，通入电动机的电流为11 A。（1）试计算电动机的功率因数；（2）如欲将电路的功率因数提高到0.91，应该和电动机并联多大的电容器？（3）并联电容后，电动机的功率因数、电动机中的电流、线路电流及电路的有功功率和无功功率有无改变？

6. 三相交流电源作星形连接，若其相电压为220 V，线电压为多少？若线电压为220 V，相电压为多少？

7. 根据三相交流电源相电压与线电压的关系，若已知线电压，试写出线电压与相电压的表达式。

8. 三相负载的阻抗值相等，是否就可以肯定它们一定是三相对称负载？

9. 三只额定电压为220 V，功率40 W的白炽灯，作星形连接接在线电压为380 V的三相四线制电源上，若将端线L_1上的开关S闭合和断开，对L_2和L_3两相的白炽灯亮度有无影响？若取消中线成为三相三线制，L_1线上的开关S闭合和断开，通过各相灯的电流各是多少？

第4章 电 磁 电 路

在电工设备和电子设备中，经常用电磁转换来实现能量的转换，如变压器、电动机、磁电式电工测量仪表等，它们几乎都离不开铁芯、线圈。本章介绍由铁芯构成的磁路及其在工程上实际应用的常用电器和设备，以及它们的工作原理、铭牌和选用。

4.1 磁路

电流流过的路径叫做电路，同样，磁通流过的路径叫做磁路。在变压器、电机、电磁铁、磁电式电工测量仪表等电工设备中，为了获得较强的磁场，常常将线圈（绕组）缠绕在一定形状、具有良好导磁性能的铁磁性材料的铁芯上。如图 4-1 所示为电工设备中常见的磁路，它们使绝大部分磁通从铁芯中通过，铁芯被线圈磁场磁化后产生较强的附加磁场，它与线圈磁场叠加，使磁场大大增强；或者说，线圈以较小电流便可产生较强的磁场。

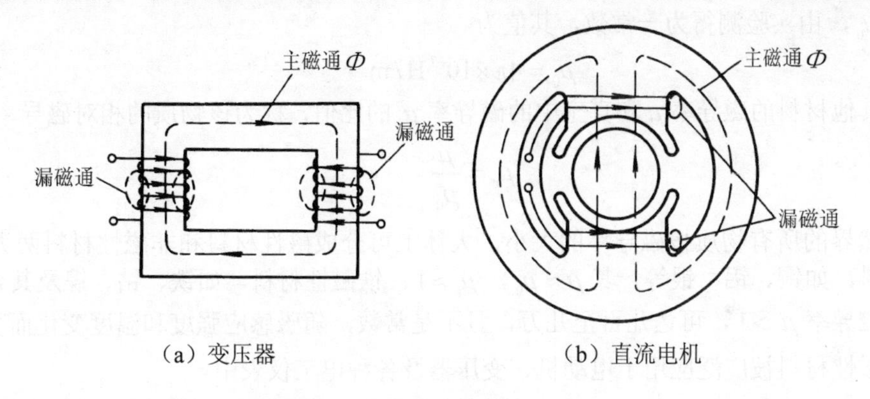

（a）变压器　　（b）直流电机

图 4-1　电工设备中常见的磁路

人为地使磁通主要集中通过的闭合路径称为磁路。集中一定路径的磁通称为主磁通，如图 4-1 中的磁通Φ，主磁通经过的磁路通常由铁芯（铁磁性材料）及空气隙组成。不通过铁芯仅与本线圈交链的磁通称为漏磁通。在实际应用中，由于漏磁通很少，有时被忽略不计。

主磁通的磁路有纯铁芯磁路，如图 4-1（a）所示，也有含有空气隙的磁路，如图 4-1（b）所示；磁路有不分支磁路，如图 4-1（a）所示，也有分支磁路，如图 4-1（b）所示；磁路中的磁通可由线圈生，如图 4-1（a）、（b）所示。用来产生磁通Φ的励磁电流，流过励磁电流的线圈称为励磁线圈（励磁绕组）。由直流电流励磁的磁路称直流磁路，由交流电流励磁的磁路称为交流磁路。

4.1.1 磁路的基本物理量

1. 磁感应强度 B

磁感应强度 B 是表示磁场内某点磁场强弱和方向的物理量，它是一个矢量。磁场内某点磁场的磁感应强度用该点磁场作用垂直于磁场方向，单位长度 1 m，流过单位电流 1A 的直导体，在该点所受的力 F 来衡量。电流产生的磁场方向可用右手螺旋定则来确定。其大小可用公式（4.1.1）表示为

$$B=\frac{F}{Il} \tag{4.1.1}$$

如果磁场内各点的 B 大小相等，方向相同，则称为该磁场的均匀磁场。

2. 磁通 Φ

在磁场中，磁感应强度 B 与垂直于磁场方向的面积 S 的乘积称为通过该面积的磁通 Φ，即

$$\Phi=BS \text{ 或 } B=\frac{\Phi}{S} \tag{4.1.2}$$

B 的单位为 T（特[斯拉]），Φ的单位为 wb（韦[伯]），S 的单位为 m^2（平方米）。

3. 磁导率 μ

磁导率 μ 是用来表示物质导磁性能的物理量，不同的物质有不同的 μ。在真空中的磁导率为 μ_0，由实验测得为一常数，其值为

$$\mu_0=4\pi\times10^{-7}\text{H/m}$$

而其他材料的磁导率 μ 和真空中的磁导率 μ_0 的比值，称为该物质的相对磁导率 μ_r，即

$$\mu_r=\frac{\mu}{\mu_0} \tag{4.1.3}$$

自然界的所有物质按磁导率的大小，大体上可分成磁性材料和非磁性材料两大类。非磁性材料，如铜、铝、银等，其 $\mu\approx\mu_0$，$\mu_r\approx1$；铁磁性材料，如铁、钴、镍及其合金等，其相对磁导率 $\mu_r>1$，可达几百至几万，且不是常数，随磁感应强度和温度变化而变化。

导磁性材料被广泛应用于电动机、变压器及各种电工仪表中。

4. 磁场强度 H

磁路中因各种物质的磁导率不同，即磁路相同而导磁物质不同，则磁感应强度不同。这就给计算磁感应强度带来麻烦，为此引出另一个物理量磁场强度 H。它与物质的磁导率 μ 无关，与产生磁场的电流大小、载流导体的形状等有关。

磁场中某点磁场强度的大小等于该点的磁感应强度 B 的数值除以该点的磁导率 μ，磁场强度的方向与该点磁感应强度的方向相同。即

$$H=\frac{B}{\mu} \tag{4.1.4}$$

磁场强度 H 的单位是 A / m（安[培]每米）。

4.1.2 磁路的基本定律

1. 安培环路定律

安培环路定律又称全电流定律，是分析磁场的基本定律。其内容是：磁场强度矢量在磁场中沿任何闭合回路的线积分，等于穿过该闭合回路所包围面积内电流的代数和即

$$\oint_L H\mathrm{d}l = \sum i \tag{4.1.5}$$

在电工技术中，常常遇到如图 4-2 所示的情况，即闭合回路上各点的磁场强度 H 相等且其方向与闭合回路的切线方向一致，则安培环路定律可简化为

$$\sum I = Hl \tag{4.1.6}$$

式（4.1.6）中，l 为回路（磁路）长度。由于电流和闭合回路绕行方向符合右手螺旋定则，线圈有 N 匝，电流就穿过回路 N 次。

$$\sum I = Nl = F \tag{4.1.7}$$

所以

$$Hl = Nl = F \tag{4.1.8}$$

F 为磁动势，单位是（A）。

2. 磁路的欧姆定律

通过某段磁路的磁通等于该磁路两端的磁势除以该段磁路的磁阻

$$R_{\mathrm{m}} = \frac{l}{\mu A} \tag{4.1.9}$$

$$\varPhi = \frac{F}{R_{\mathrm{m}}}$$

其中，R_{m} 称为磁阻，是表示磁路对磁通具有阻碍作用的物理量，它与磁路的材料及几何尺寸有关。式（4.1.9）与电路中的欧姆定律在形式上相似，称为磁路的欧姆定律，因为磁性材料的磁阻 R_{m} 不为常数，因此式（4.1.9）只能做定性分析，不能做定量计算。

3. 磁路的基尔霍夫第一定律

$$\sum \varPhi = 0$$

表明磁通是连续的，如图 4-2 所示。

$$-\varPhi_1 + \varPhi_2 + \varPhi_3 = 0$$

或

$$\varPhi_1 = \varPhi_2 + \varPhi_3$$

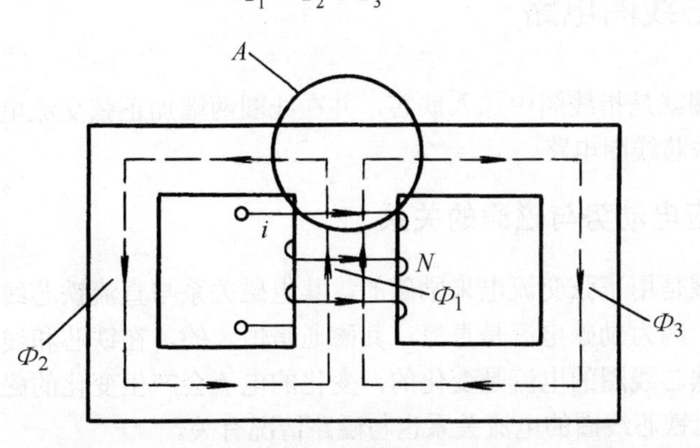

图 4-2 磁通图

4. 磁路的基尔霍夫第二定律

如图 4-3 所示，可以得出：

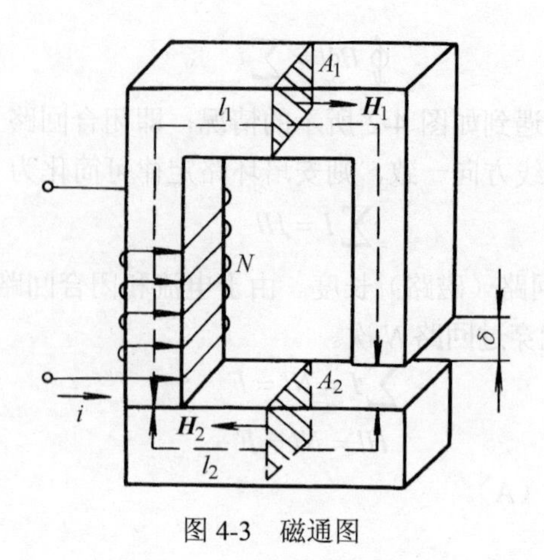

图 4-3　磁通图

$$Ni=\sum_{k=1}^{3}H_{k}l_{k}=H_{1}l_{1}+H_{2}l_{2}+H_{\delta}\delta$$

5. 电磁感应定律

当流过线圈的电流发生变化时，线圈中的磁通也随之变化，并在线圈中出现感应电流，这表明线圈中感应了电动势。电磁感应定律指出，感应电动势为

$$e=-N\frac{\mathrm{d}\phi}{\mathrm{d}t}$$

式中，N 为线圈匝数。感应电动势的方向由回路面积磁通量的符号与感应电动势的参考方向比较而定。当 $e>0$，即穿过线圈的磁通增加；$e<0$，这时感应电动势的方向与参考方向相反，表明感应电流产生的磁场要阻止原来磁场的增加；当 $e<0$，即穿过线圈的磁通减少时，$e>0$，这时感应电动势的方向与参考方向相同，表明感应电流产生的磁场要阻止原来磁场的减少。

4.2　交流铁芯线圈电路

交流铁芯线圈就是指线圈中加入铁芯，并在线圈两端加正弦交流电压。本节讨论正弦交流电激励下的铁芯线圈电路。

4.2.1　线圈感应电动势与磁通的关系

交流铁芯线圈是用正弦交流电来励磁的，其电磁关系与直流铁芯线圈有很大不同。在直流铁芯线圈中，因为励磁电流是直流，其磁通是恒定的，在铁芯和线圈中不会产生感应电动势。而交流铁芯线圈的电流是变化的，变化的电流会产生变化的磁通，于是会产生感应电动势。而交流铁芯线圈的电流关系也与磁路情况有关。

设线圈电压 u、电流 i、磁通 Φ 及感应电动势 e 的参考方向如图 4-4 所示，有

$$e=-N\frac{\mathrm{d}\Phi}{\mathrm{d}t}\qquad(4.2.1)$$

其中式（4.2.1），N 为线圈的匝数，如果磁通为正弦量 $\Phi=\Phi_{\mathrm{m}}\sin\omega t$

$$
\begin{aligned}
e &= -N\frac{\mathrm{d}\Phi}{\mathrm{d}t} = -N\frac{\mathrm{d}\Phi_{\mathrm{m}}\sin\omega t}{\mathrm{d}t} \\
&= -N\Phi_{\mathrm{m}}\omega\cos\omega t \\
&= N\omega\Phi_{\mathrm{m}}\sin(\omega t - 90)
\end{aligned}
\tag{4.2.2}
$$

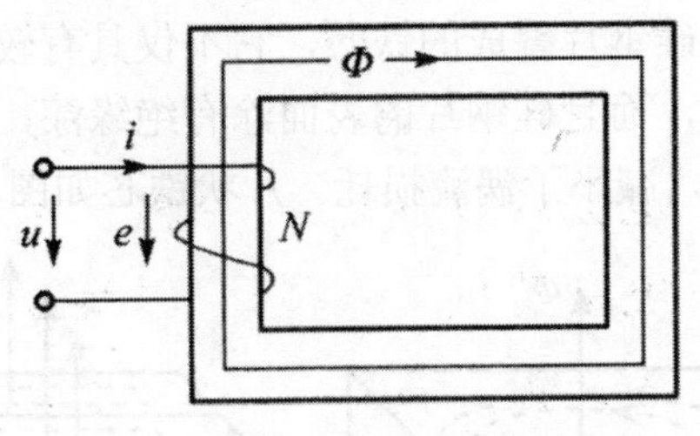

图 4-4　交流铁芯线圈电路

可见，磁通Φ为正弦量，感应电动势 e 也是正弦量，且感应电动势 e 的相位比磁通 Φ 的相位滞后$\pi/2$，并且感应电动势的有效值与主磁通的最大值关系为

$$E = \frac{1}{\sqrt{2}}\omega N\Phi_{\mathrm{m}} = \frac{1}{\sqrt{2}}2\pi f\Phi_{\mathrm{m}}\omega = 4.44 fN\Phi_{\mathrm{m}} \tag{4.2.3}$$

式（4.2.3）是一个重要的公式，它清楚地说明铁芯线圈中的电磁转换的大小关系，在电动机工程的分析计算中经常用到。它是分析变压器、交流电动机的一个重要公式。

在图 4-4 中，如果忽略线圈电阻及漏磁通，则有

$$u = -e = \omega N\Phi_{\mathrm{m}}\sin(\omega t + 90) \tag{4.2.4}$$

从式（4.2.4）中可见，如果电压为正弦量，磁通也为正弦量。而且电压 u 的相位比磁通Φ的相位超前 90°，即在铁芯线圈两端加上正弦交流电压 u，铁芯线圈中必定产生正弦交变的磁通Φ，以及感应电动势 e，且均为同频率的正弦量，并且电压及感应电动势的有效值与主磁通的最大值关系为

$$U = E = 4.44 fN\Phi_{\mathrm{m}} \tag{4.2.5}$$

式（4.2.5）表明，在忽略线圈电阻 R 及漏磁通 Φ_{δ} 的条件下，当线圈匝数 N 及电源频率 f 为一定值时，主磁通的最大值 Φ_{m}。由励磁线圈的外加电压有效值 U 确定，与铁芯的材料及尺寸无关。

4.2.2　交流铁芯线圈的功率损耗

交流铁芯线圈的损耗包括铜损 ΔP_{Cu} 和铁损 ΔP_{Fe} 两部分组成。

铜损 ΔP_{Cu} 是线圈电阻 R 上的有功功率损耗，是由线圈导线发热引起的。铜损的值为

$$P_{\mathrm{Cu}} = I^2 R \tag{4.2.6}$$

其中，I 为流过线圈的电流，R 为线圈电阻。

铁损 ΔP_{Fe} 是处于交变磁化下的铁芯中的有功功率损耗，主要是由磁滞和涡流产生的。在磁化过程中产生的热损耗，称为磁滞损耗（ΔP_{h}）。为减小磁滞损耗，铁芯应采用软磁材料，硅钢是交流铁芯的理想材料。

铁磁材料不仅具有导磁性，同时还具有导电性。因此当绕在铁芯上的线圈中通有交变

电流时，铁芯中的主磁通也是交变的，磁路中交变的磁通不仅使线圈产生感应电动势，也会在铁芯中产生感应电动势，这个感应电动势使铁芯产生涡旋状的感应电流，称为涡流，如图 4-5（a）所示。

涡流使铁芯发热，其产生的功率损耗称为涡流损耗（ΔP_{c}）。

为了减少涡流，可利用硅钢片叠成的铁芯，它不仅具有较高的磁导率，还具有较大的电阻率，可使铁芯电阻增大，而且硅钢片的表面涂有绝缘漆，片与片之间相互绝缘，把涡流限制在许多狭小的截面内，减小了涡流损耗。片状铁芯如图 4-5（b）所示。

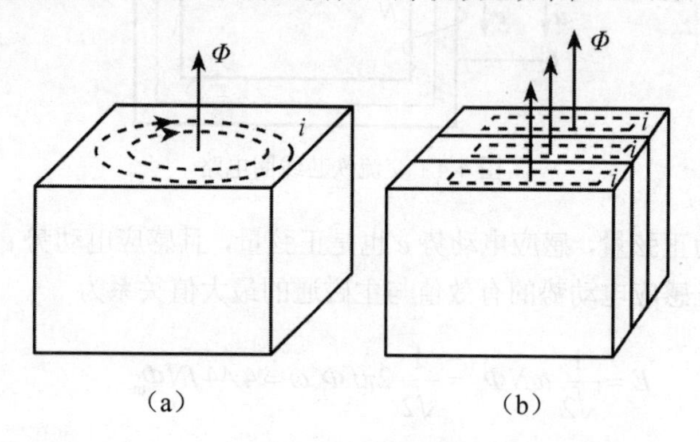

图 4-5　铁芯中的涡流损耗

因此，交流铁芯线圈中的功率损耗为：$\Delta P = \Delta P_{\mathrm{Fe}} + \Delta P_{\mathrm{Cu}} = \Delta P_{\mathrm{h}} + \Delta P_{\mathrm{c}} + \Delta P_{\mathrm{Cu}}$　　(4.2.7)

4.3 变压器

变压器是利用电磁感应原理传输电能或信号的器件，具有变压、变流、变阻抗和隔离的作用。它的种类很多，应用广泛，但基本结构和工作原理相同。

4.3.1 变压器的基本结构

变压器由铁芯和绕在铁芯上的两个或多个线圈（又称绕组）组成。

铁芯的作用是构成变压器的磁路。为了减小涡流损耗和磁滞损耗，铁芯采用硅钢片交错叠装或卷绕而成。根据铁芯结构形式的不同，变压器分为壳式和芯式两种。

图 4-6（a）所示是芯式变压器，特点是线圈包围铁芯。功率较大的变压器多采用芯式结构，以减小铁芯体积，节省材料。壳式变压器则是铁芯包围线圈，如图 4-6（b）所示，其特点是可以省去专门的保护包装外壳。图 4-7 画出了一个单相双绕组变压器的原理结构示意图及其图形符号。两个绕组中与电源相连接的一方称为一次绕组，又称原方绕组或初级绕组。凡表示一次绕组各量的字母均标注下标“1”，如一次绕组电压 U_1、一次绕组匝数 N_1、……。与负载相连接的绕组称为二次绕组，又称副方绕组或次级绕组。凡表示二次绕组各量的字母均标注下标“2”，如二次绕组电压 U_2、二次绕组匝数 N_2、……。变压器二次绕组电压 U_2 高于一次绕组电压 U_1 的是升压变压器；反之，是降压变压器。为了防止变压器内部短路，应有良好的绝缘性。

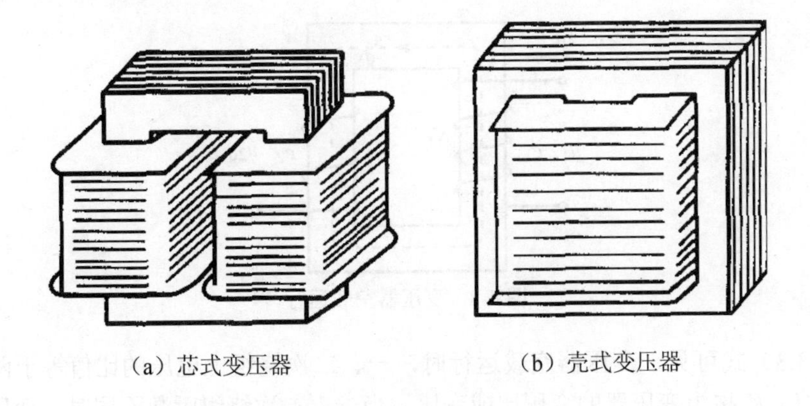

图 4-6　变压器结构

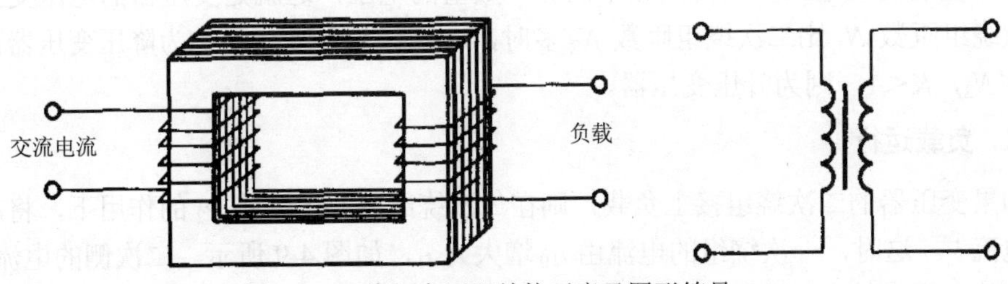

图 4-7　双绕组变压器结构示意及图形符号

4.3.2　变压器的工作原理

1.　空载运行

变压器的一次绕组接上交流电压 u_1，二次侧开路，这种运行状态称为空载运行。这时二次绕组中的电流 $i_2=0$，电压为开路电压 u_{20}，一次绕组通过的电流为空载电流 i_{10}，如图 4-8 所示，各量的方向按习惯参考方向选取。图中 N_1 为一次绕组的匝数，N_2 为二次绕组的匝数。由于二次侧开路，这时变压器的一次侧电路相当于一个交流铁芯线圈电路，通过的空载电流 i_{10} 就是励磁电流。磁通势 N_1i_{10} 在铁芯中产生的主磁通Φ通过闭合铁芯，既穿过一次绕组，也穿过二次绕组，于是在一、二次绕组中分别感应出电动势 e_1、e_2。当 e_1、e_2 与Φ中的参考方向之间符合右手螺旋定律，由法拉第电磁感应定律可知

$$e_1 = -N_1\frac{\mathrm{d}\Phi}{\mathrm{d}t} \tag{4.3.1}$$

$$E_1 = 4.44fN_1\Phi_m \tag{4.3.2}$$

式（4.3.2）中 f 为交流电源的频率，Φ_m 为主磁通的最大值。

若略去漏磁通的影响，不考虑绕组上电阻的压降，则可认为绕组上电动势的有效值近似等于绕组上电压的有效值，即 $U_1 \approx E_1$。

$$E = 4.44fN\Phi_\mathrm{m}$$

所以

$$\frac{U_1}{U_{20}} \approx \frac{E_1}{E_2} = \frac{4.44fN_1\Phi_\mathrm{m}}{4.44fN_2\Phi_\mathrm{m}} = \frac{N_1}{N_2} = K \tag{4.3.3}$$

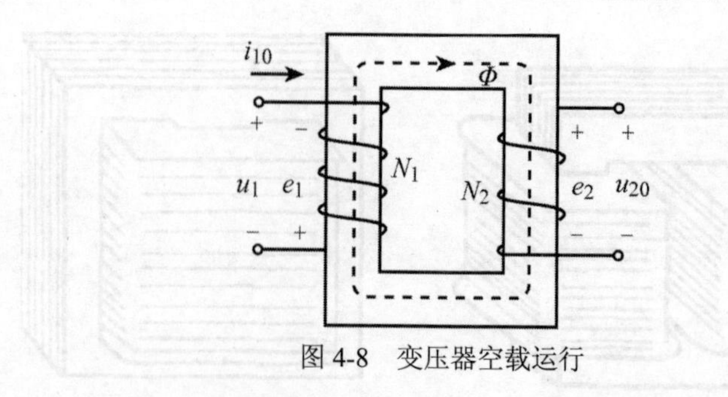

图 4-8　变压器空载运行

由（4.3.3）式可见，变压器空载运行时，一、二次绕组上电压的比值等于两者的匝数比，这个比值 K 称为变压器的变压比或变比。当一、二次绕组匝数不同时，变压器就可以把某一数值的交流电压变换为同频率的另一数值的电压，这就是变压器的电压变换作用。当一次绕组匝数 N_1 比二次绕组匝数 N_2 多时，$K>1$，这种变压器称为降压变压器；反之，若 $N_1<N_2$，$K<1$，则为升压变压器。

2. **负载运行**

如果变压器的二次绕组接上负载，则在二次绕组感应电动势 e_2 的作用下，将产生二次绕组电流 i_2。这时，一次绕组的电流由 i_{10} 增大为 i_1，如图 4-9 所示。二次侧的电流 i_2 越大，一次侧的电流也越大。因为二次绕组有了电流 i_2 时，二次侧的磁通势 N_2i_2，也要在铁芯中产生磁通，即这时变压器铁芯中的主磁通系由一、二次绕组的磁通势共同产生。

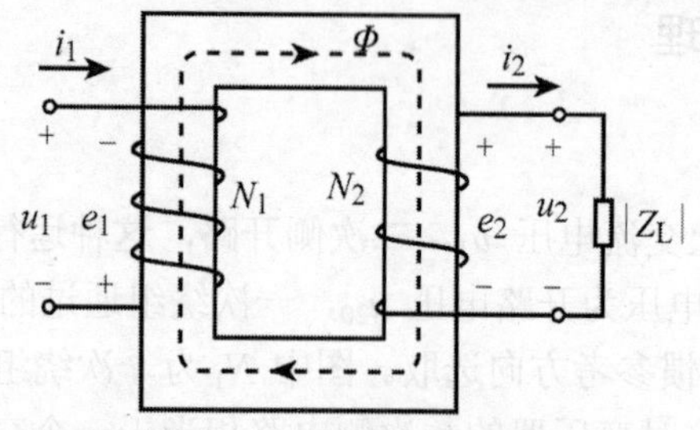

图 4-9　变压器的负载运行

显然，N_2、i_2 的出现，将改变铁芯中原有主磁通的趋势。但是，在一次绕组的外加电压（电源电压）不变的情况下，由

$$E = 4.44 fN\Phi_m \tag{4.3.4}$$

可知，主磁通基本保持不变，因而一次绕组的电流将由 i_{10} 增大为 i_1，使得一次绕组的磁通势由 N_1i_{10} 变成 N_1i_1，以抵消二次绕组磁动势 N_2i_2 的作用。也就是说，变压器负载时的总磁通势应与空载时的磁通势基本相等，用公式表示，即

$$N_1\dot{I}_1 + N_2\dot{I}_2 = N_1\dot{I}_{10} \tag{4.3.5}$$

式（4.3.5）称为变压器的磁通势平衡方程式。

可见变压器负载运行时，一、二次绕组的磁通势方向相反，即二次侧电流 I_2 对一次侧电流 I_1 产生的磁通有去磁作用。因此，当负载阻抗减小，二次侧电流 I_2 增大时，铁芯中的主磁通将减小，于是一次侧电流 I_1 必然增加，以保持主磁通基本不变。所以，无论负载怎样变化，一次侧电流 I_1，总能按比例自动调节，以适应负载电流的变化。由于空载电流较小，一般不到额定电流的 10%，因此当变压器额定运行时，若忽略空载电流，可认为 $N_1\dot{I}_1 \approx -N_2\dot{I}_2$

于是得变压器一、二次侧电流有效值的关系为：

$$\frac{I_1}{I_2} \approx \frac{N_2}{N_1} = \frac{1}{K} \tag{4.3.6}$$

由此可知，当变压器额定运行时，一、二次侧电流之比近似等于其匝数比的倒数。改变一、二次绕组的匝数，可以改变一、二次绕组电流的比值，这就是变压器的电流变换作用。

3. 阻抗变换作用

变压器除了变换电压作用和变换电流作用外，还可以进行阻抗变换，以实现阻抗匹配，使负载上能获得最大功率。如图 4-10 所示，变压器原边接电源U_1，副边接阻抗$|Z_L|$，对于电源来说，图中点画线框内的电路可用另一个阻抗$|Z'_L|$来等效代替，当忽略变压器的漏磁和损耗时，等效阻抗可由下式求得：

$$|Z'_L| = \frac{U_1}{I_1} = \frac{(N_1/N_2)U_2}{(N_2/N_1)I_2} = (\frac{N_1}{N_2})^2|Z_L| = K^2|Z_L| \tag{4.3.7}$$

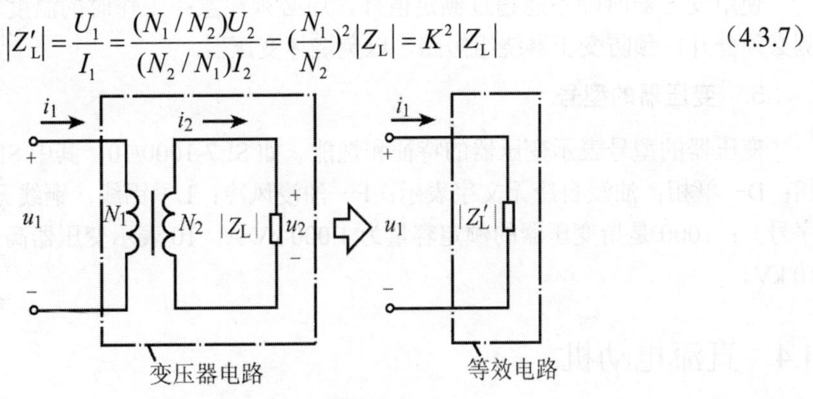

图 4-10　变压器阻抗变换作用

式 4.3.7 中，$|Z_L|=U_2/I_2$为变压器副边的负载阻抗。由式说明，在变比为K的变压器副边接阻抗为$|Z'_L|$的负载，相当于在电源上直接接一个阻抗$|Z'_L|=K^2|Z_L|$，K不同，即匝数不同，实际负载阻抗$|Z_L|$，折算到原边的等效阻抗$|Z'_L|$也是不同的，人们可以利用不同的匝数，将实际负载变换为所需要的合适的数值，而且，负载的性质不变，这就称为阻抗匹配。在电子电路中，应用很广泛。接入变压器以后，输出功率大大提高。因为满足了最大功率输出的条件$R'_L=R_0$，电子线路中常利用阻抗匹配实现最大输出功率。

4.3.3　变压器的几种技术参数

1. 额定电压U_{1N}、U_{2N}

一次侧额定电压U_{1N}是根据绝缘强度和允许发热所规定的应加在一次绕组上的正常工作电压有效值。二次侧额定电压U_{2N}在电力系统中是指变压器一次侧施加额定电压时的二次侧空载电压有效值；在仪器仪表中通常是指变压器一次侧施加额定电压，二次侧接额定负载时的输出电压有效值。三线变压器中U_{1N}、U_{2N}均指线电压。

2. 额定电流I_{1N}、I_{2N}

一、二次侧额定电流I_{1N}和I_{2N}是指变压器连续运行时一、二次绕组允许通过的最大电流有效值。三线变压器 I_{1N}、I_{2N} 均指线电流。

3. 额定容量 S_N

额定容量 S_N 是指变压器二次侧额定电压和额定电流的乘积，即 $S_N = I_{2N} U_{2N}$ 为二次侧的额定视在功率。额定容量反映了变压器所能传送电功率的能力，但不要把变压器的实际输出功率与额定容量相混淆。因变压器实际使用时的输出功率取决于二次侧负载的大小和性质。

4. 额定频率 f_N

额定频率 f_N 是指变压器应接入的电源频率。我国电力系统的标准频率为 50 Hz。

使用变压器时除不能超过额定值外，还必须注意：工作时的温度不能太高；一、二次侧必须分开；预防变压器绕组短路，以免烧坏变压器。

5. 变压器的型号

变压器的型号表示变压器的特征和性能。如 SL7-1000/10，其中 SL7 是基本型号（S 三相；D—单相；油浸自冷无文字表示；F—油浸风冷；L—铝线；铜线无文字表示；7—设计序号）；1000 是指变压器的额定容量为 1 000 kV·A；10 表示变压器高压绕组额定线电压为 10 kV。

4.4 直流电动机

直流电动机是将直流电能转换为机械能的旋转机械装置。它虽然比三相交流电动机的结构复杂，维护也不便，但由于它的调速性能较好和启动转矩较大，因此对调速要求较高的生产机械（例如龙门刨床、镗床、轧钢机等）或需要较大启动转矩的生产机械（如起重机械、电力牵引设备等）常采用直流电动机来驱动。

4.4.1 直流电动机的结构

直流电动机由定子和转子组成，如图 4-11 所示。

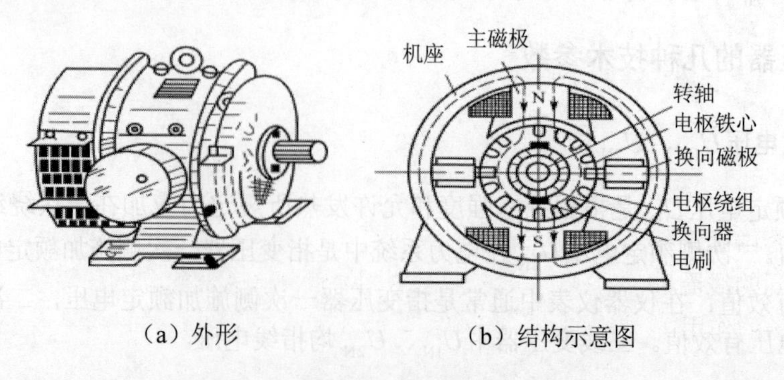

（a）外形　　（b）结构示意图

图 4-11　直流电动机的外形和结构

1. 定子

定子主要由主磁极、换向极、机座和电刷装置几部分组成，如图 4-12 所示。主磁极由铁芯和励磁绕组构成，励磁绕组通过励磁电流产生磁场，它可以是一对、两对或者是多对的磁极。

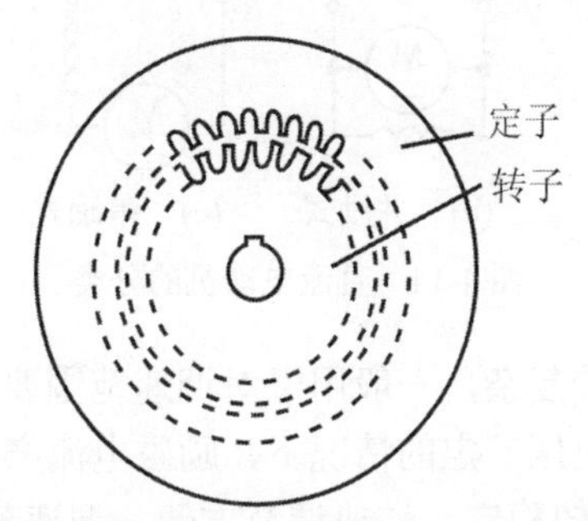

图 4-12 直流电动机定子

换向磁极由换向磁极铁芯和绕组构成，位于两主磁极之间，并与电枢串联，通过电枢电流，产生附加的磁场，用来改善发动机的换向条件。减小换向器上的火花，在小功率直流电机中不装换向磁极。

机座由铸钢和原钢板制成，用以安装主磁极和换向器等部件，并保护电动机，它既是电动机的外壳，同时还是电动机磁路的一部分。

2. 转子

直流电动机的转子又称为电枢，如图 4-13 所示。主要部件有电枢铁芯、电枢绕组、换向器和风扇等。

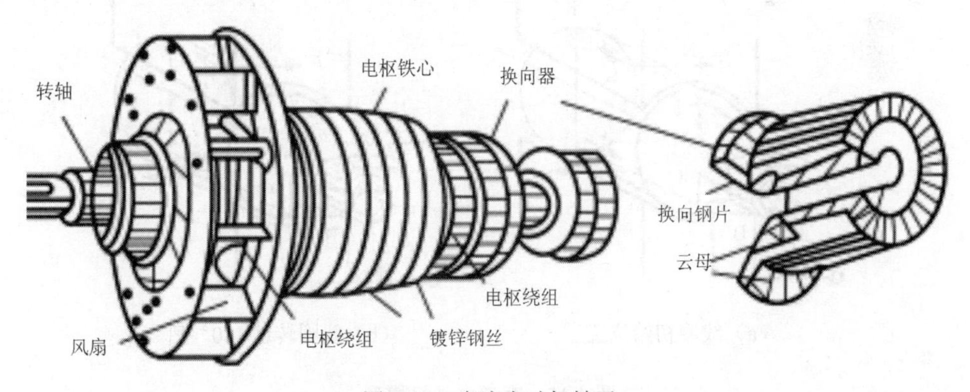

图 4-13 直流电动机转子

电枢铁芯由硅钢片叠加而成，它的表面有很多均匀分布的槽，嵌入电枢绕组，电枢绕组由许多相同的线圈组成，按照规律嵌入电枢铁芯的槽内并且与换向器的两片相连接。通电时在主磁场的作用下产生电磁转矩。

换向器又叫做整流子，是直流电动机所特有的装置，由很多的楔形铜片构成，每片之间用云母或其他垫片绝缘。外型呈圆柱形，装在转轴的上面，在换向器表面压着电刷，使旋转绕组与静止的外电路一直是连通的，就引入了直流电。

3. 直流电动机的分类

直流电动机的主磁场由励磁绕组中的励磁电流产生，根据励磁方式的不同，直流电动机有他励电动机、并励电动机、串励电动机和复励电动机，如图 4-14 所示。

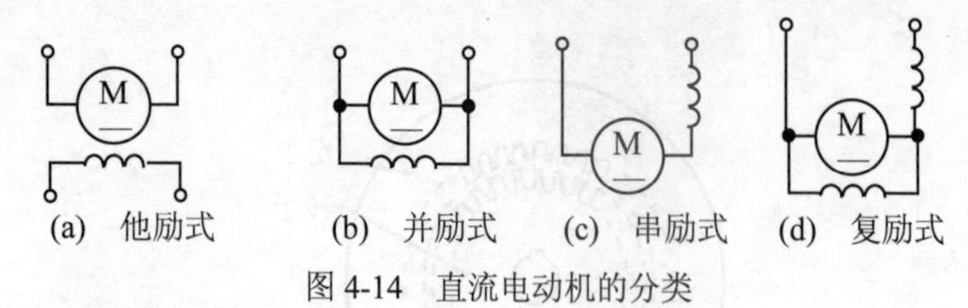

图 4-14 直流电动机的分类

① 他励式电动机构造比较复杂，一般用于对调速范围要求很高的重型机床等设备中。

② 并励式电动机在外加电压一定的情况下，励磁电流产生的磁通将保持恒定不变。启动转矩大，负载变动时转速比较稳定，转速调节方便，调速范围大。

③ 串励式电动机的转速随转矩的增加，呈显著下降的特性，特别适用于起重设备。

④ 复励式电动机的电磁转矩变化速度较快，负载变化时能够有效克服电枢电流的冲击，比并励式电动机的性能优越，主要用于负载力矩有突然变化的场合。复励式电动机具有负载变化时转速几乎不变的特性，常用于要求转速稳定的机械中。

4.4.2 直流电动机的工作原理

1. 转动原理

图 4-15 为直流电动机模型，用来模拟电动机的工作原理。

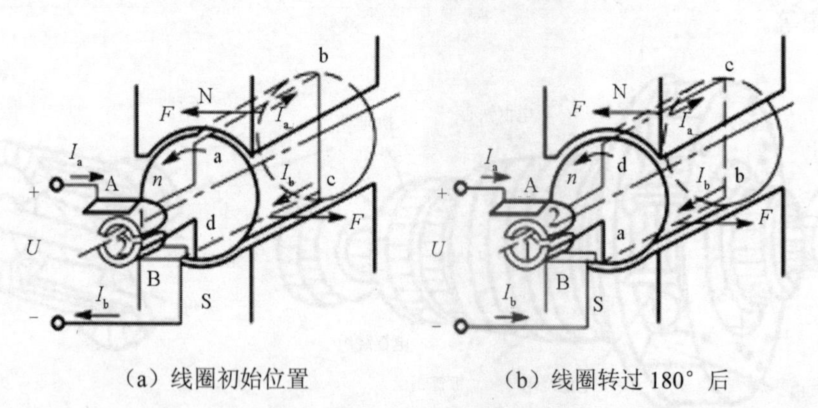

（a）线圈初始位置　　（b）线圈转过 180° 后

图 4-15 直流电动机模型

当电刷两侧有直流电压时，直流电流经过电刷 A 换到切片 1，线圈 abcd 换向片 2 和电刷 B 形成回路，线圈 ab 和 cd 边在磁场中受到电磁力的作用，受力方向可用左手定则判断。电磁力使线圈电枢按照顺时针的方向旋转。电枢旋转时，线圈 ab 边从 N 极转到 S 极，换向片 2 脱离了电刷 B 与电刷接触，此时流经线圈电流的方向相反，但是，此时 N 极导体中电流方向始终不变，电磁矩 A 的方向和大小是恒定的，因此，直流电动机通电后按照一定的方向连续旋转。

2. 电磁矩

电磁矩是电枢绕组通入直流电流后在电场力中受力产生的，由电磁分布可知，每根导体受电磁力大小为$F=BIL$。电动机一定时，磁感应强度B和每个极的磁通Φ成正比，导体电流和电枢电流成正比，但是导体在磁场中的有效长度L和转子的半径是一定的，和电动机的结构有关，所以直流电动机的电磁矩T的表示式为

$$T = C_T \Phi I_a \tag{4.4.1}$$

式4.4.1中，C_T是转矩常数，与电动机结构有关；Φ是每极磁通；I_a为电枢电流。

3. 感应电动势

电枢组中的感应电动势，又称为电枢电动势，指正负电刷之间的感应电动势，就是每条支路的感应电动势，大小是$E_a = BLU$，它的方向根据右手定则确定，此电动势的方向和电枢电流的方向相反，所以又称反电动势，大小为

$$E_a = C_E \Phi n \tag{4.4.2}$$

因此，直流电动机在旋转的时候，电枢反电动势的大小E_a和每极的磁通Φ以及电动机的转速n的乘积成正比，它的方向与电枢电流的方向是相反的，因此反电动势在电路中起限制电流的作用。如图4-16所示是直流电动机的电枢电路，根据基尔霍夫定律得，电动机在运行时，基于电枢组的端电压U_a等于电阻R_a的压降$R_a I_a$和反电动势E_a之和，即

$$U_a = R_a I_a + E_a \tag{4.4.3}$$

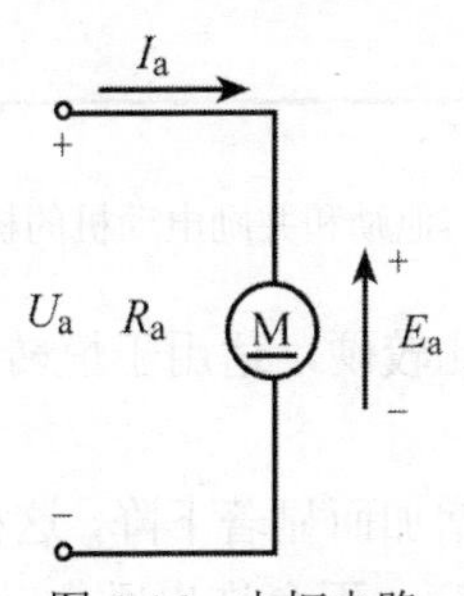

图4-16 电枢电路

所以电枢电流$I_a = \dfrac{U_a - E_a}{R_a}$，该式说明，电枢电流$I_a$的大小不但和$U_a$、$R_a$有关，还和受到的反电动势$E_a$有关。当$U_a$和$R_a$一定时，$I_a$仅取决于$E_a$。

4. 机械特性

表示电动机运行状态的两个主要物理量是：电动机的电磁转矩T和电动机的转速n。直流电动机的机械特性是指电动机的端电压等于额定值，励磁电路的电流和电枢电路的电阻不变的条件下，电动机的转速n与电磁转矩T之间的关系，即$n=f(T)$。机械特性是电动机最重要的工作特性，它是讨论电动机稳定运行、启动、调速和制动等运行的基础。

由式（4.4.2）和式（4.4.3），得出电动机的转速为

$$n = \frac{E_a}{C_E \Phi} = \frac{U_a - I_a R_a}{C_E \Phi} \tag{4.4.4}$$

由式（4.4.4）可知，直流电机的转速n和电枢电压U_a、每极的磁通Φ以及电枢回路电

阻 R_a 有关。

把 $T=C_T\Phi I_a$ 代入式（3.4.4）中，可得出直流电动机的转速 n 与电磁转矩 T 的关系为

$$n=\frac{U_a-I_aR_a}{C_E\Phi}=\frac{U_a}{C_E\Phi}-\frac{T/C_T\Phi R_a}{C_E\Phi}=\frac{U_a}{C_E\Phi}-\frac{R_a}{C_TC_E\Phi^2}T \tag{4.4.5}$$

即直流电动机的机械特性的一般系式为 $n=f(T)$。

（1） 他励和并励电动机的机械特性

他励和并励电动机的励磁电流不受负载变化的影响，即当磁励电压一定时，Φ 为常数，此时式（4.4.5）可以写成

$$n=n_0-CT \tag{4.4.6}$$

式（4.4.6）中，$n_0=\frac{U_a}{C_E\Phi}$ 为理想空载转速，即 T=0 时的转速。$C=\frac{R_a}{C_TC_E\Phi^2}$ 是一个很小常数。它代表电动机随着负载加大而转速下降的斜率。所以，他励和并励电动机的机械特性是一个稍微下降的直线，如图 4-17 所示。

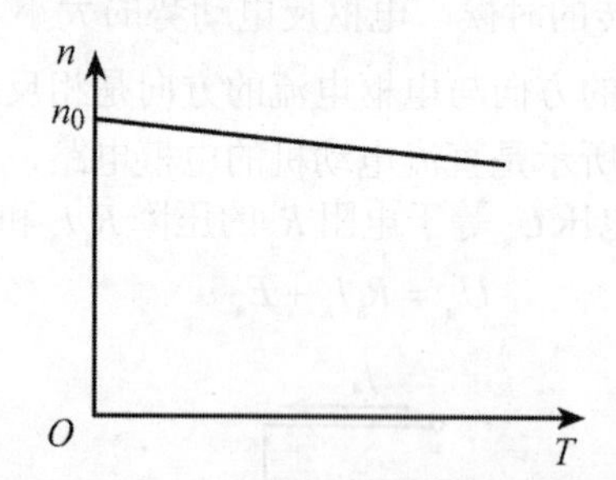

图 4-17 他励和并励电动机的机械特性

并励和他励电动机的机械特性比较硬，适用于恒转速类机械。

（2） 串励电动机的机械特性

串励电动机的转速随着负载的增加而显著下降，这种特性称为软特性，如图 4-18 所示。这种特性适用于起重设备，但要注意，不允许串励电动机在空载或轻载的情况下运行，避免造成飞车现象，所以串励电动机与机械负载之间必须可靠连接。

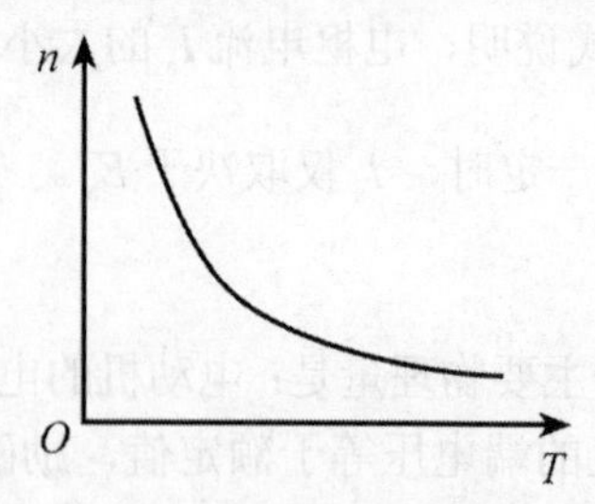

图 4-18 串励电动机的机械特性

4.5 三相异步电动机

把机械能转化为电能的装置，称为发电机；把电能转化为机械能的装置，称为电动机，

电动机主要用于拖动生产机械之用，电动机按电源的种类可分为交流电动机和直流电动机，交流电动机又可分为异步电动机和同步电动机。而异步电动机具有结构简单、运行可靠、维护方便、价格低廉等优点，在所有电动机中应用最广泛。

4.5.1 三相异步电动机的结构

异步电动机主要有定子和转子两部分组成。这两部分之间由气隙隔开。根据转子结构的不同，分成笼型和绕线型两种。图 4-19 所示为三相笼型异步电动机的结构。

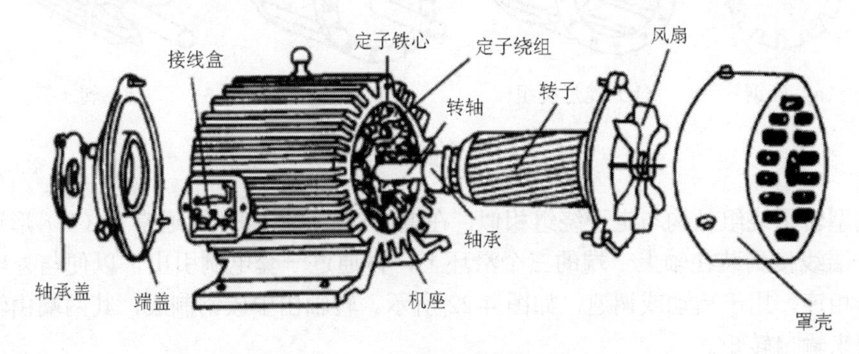

图 4-19 三相异步电动机的结构

1. 定子

定子由定子铁芯、定子绕组和机座三部分组成。定子铁芯是电动机磁路的一部分，它由 0.5 mm 厚、两面涂有绝缘漆的硅钢片叠成，在其内圆中有均匀分布的槽，如图 4-20 所示，槽内嵌放三相对称绕组。定子绕组是电机的电路部分，它用铜线缠绕而成，三相绕组根据需要可接成星形（Y）和三角形（△），由接线盒的端子端引出。机座是电动机的支架，一般用铸铁或铸钢制成。

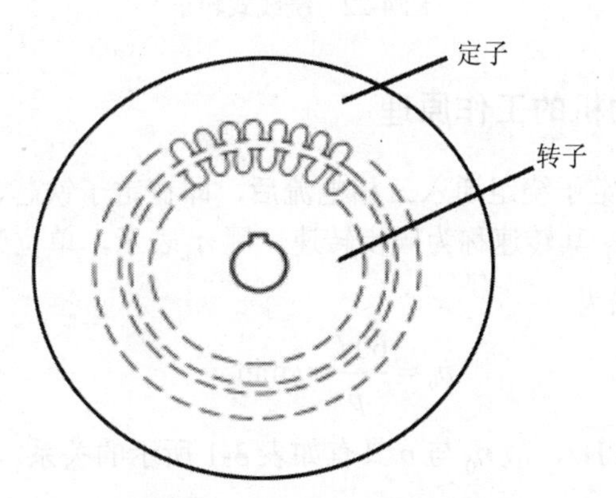

图 4-20 定子和转子的铁芯

2. 转子

转子由转子铁芯、转子绕组和转轴三部分组成。转子铁芯也是由 0.5 mm 厚、两面涂有绝缘漆的硅钢片叠成，在其外圆中有均匀分布的槽，如图 4-21 所示。槽内嵌放转子绕组，转子铁芯装在转轴上。

转子绕组有笼型和绕线型两种结构。

笼型转子绕组结构与定子绕组不同，转子铁芯各槽内都嵌放有铸铝导条（个别电机有用铜导条的），端部有短路环短接，形成一个短接回路。去掉铁芯，形如一笼子，如图 4-26 所示。

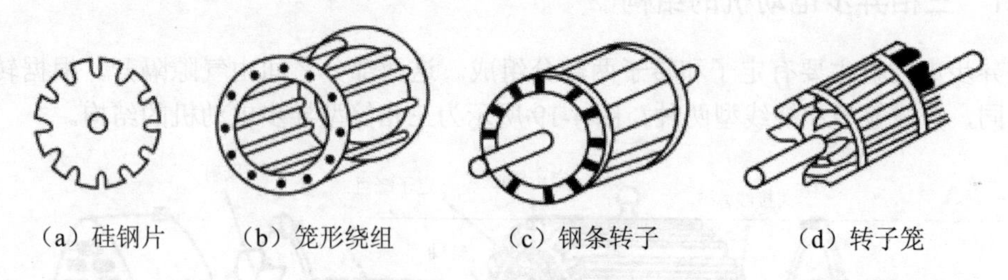

图 4-21　鼠笼式转子

绕线型转子绕组结构与定子绕组相似，在槽内嵌放三相绕组，通常为（Y）形连接，绕组的三个端线接到装在轴上一端的三个滑环上，再通过一套电刷引出，以便与外电路的可调电阻器相连，用于启动或调速，如图 4-22 所示。转轴由中碳钢制成，其两端由轴承支撑着，它用来输出转矩。

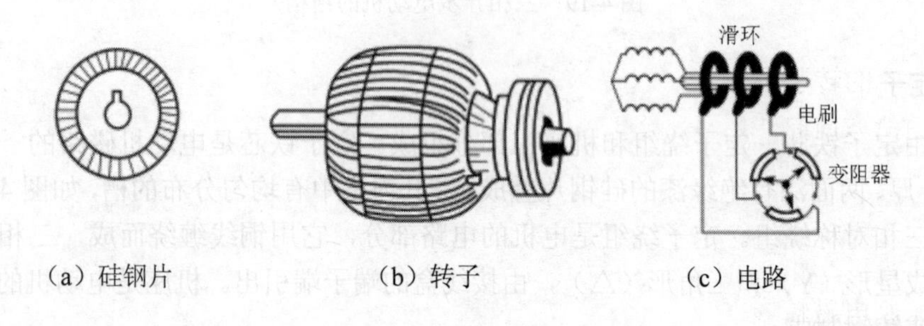

图 4-22　绕线式转子

4.5.2　三相异步电动机的工作原理

三相异步电动机的定子绕组通入三相电流后，即在定子铁芯、转子铁芯及其之间的气隙中产生一个旋转磁场，其转速称为同步转速，用 n_0 表示，单位为 r / min，它与电源频率和磁极对数（p）的关系为

$$n_0 = \frac{60 f_1}{p} \text{r/min} \tag{4.5.1}$$

我国电网频率为 50 Hz，故 n_0 与 p 具有如表 3-1 所示的关系。

表 4-1　n_0 与 p 的关系

p	1	2	3	4	5	6
n_0（r/min）	3000	1500	1000	750	600	500

旋转磁场的旋转方向与定子电源的相序方向一致，如果改变相序，则旋转磁场旋转方向也就随之改变。三相异步电动机的反转正是利用这个原理。

在图 4-23 中，设旋转磁场在空间按顺时针方向旋转，因此转子导体相对于磁场按逆时针方向旋转而切割磁力线。根据右手定则可确定感应电动势的方向。转子上半部分导体中产生的感应电动势方向是从外向内，因为鼠笼式转子绕组是闭合的，所以，在感应电动势作用下，转子导体中产生感应电流，即转子电流。正因为异步电动机的转子电流是由电磁感应产生的，所以异步电动机又称为感应电动机。

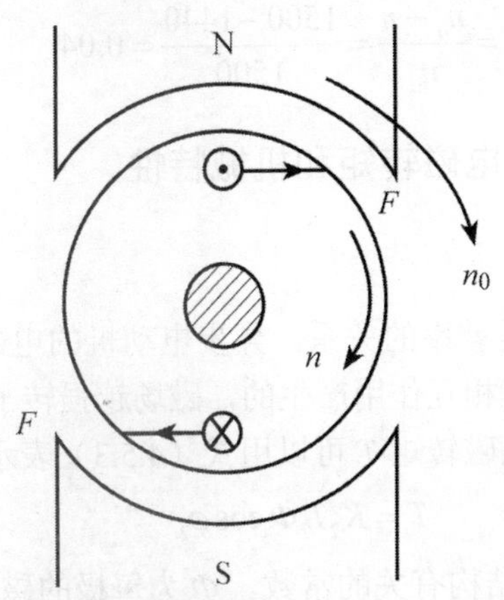

图 4-23　三相异步电动机转动原理

通有电流的转子导体在旋转磁场中，将受到电磁力的作用。在图 4-23 中，转子上半部分导体受力的方向向右，转子的下半部分受力方向向左，这一对电磁力对于转轴形成转动力矩，称为是电磁力矩，电磁力的方向是顺时针方向。在该方向的电磁转矩作用下，转子便按顺时针方向以转速 n 旋转起来。

由此可见，三相异步电动机电磁转矩的方向与旋转磁场的方向一致，如果旋转磁场的方向改变，则电磁转矩的方向改变，电动机转子的转动方向也随之改变。因此，可以通过改变定子三相绕组中的电流相序来改变电动机转子的转动方向。

显然，电动机转子的转速 n 小于旋转磁场的同步转速 n_0，即 $n<n_0$。如果 $n=n_0$，转子导体与旋转磁场之间就没有相对运动，转子导体不切割磁力线，就不会产生感应电流，电磁转矩为零，转子因失去动力而减速。等到 $n<n_0$ 时，转子导体与旋转磁场之间又存在相对运动，产生电磁转矩。电动机在正常运转时，其转速 n 总是稍低于同步转速 n_0，因此称为异步电动机。

异步电动机同步转速和转子转速的差值与同步转速之比称为转差率，用 s 表示，即

$$s=\frac{n_0-n}{n_0} \tag{4.5.2}$$

转差率表示了转子转速 n 与旋转磁场同步转速 n_0 之间相差的程度，是分析异步电动机的一个重要参数。转子转速 n 越接近同步转速 n_0，转差率 s 小。当 $n=0$（启动初始瞬间）时，转差率 $s=1$；当理想空载时，即转子转速与旋转磁场转速相等（$n=n_0$）时，转差率 $s=0$。所以，转差率 s 的值在 0～1 范围内，即 $0<s<1$。额定运行时，s 约为 0.01～0.08。

例　一台型号为 Y115M-4 的三相异步电动机，已知它的旋转磁场磁极对数 $p=2$，电源

频率 f=50 Hz，额定转速为 1 440 r / min。试求这台电动机额定负载时的转差率 s_N。

解：由已知条件得电动机的同步转速：

$$n_0 = \frac{60f_1}{p} = \frac{60\times 50}{2}\text{r/min} = 1500\text{r/min}$$

电动机的转差率为

$$s_N = \frac{n_0 - n}{n_0} = \frac{1500-1440}{1500} = 0.04$$

4.5.3 三相异步电动机的电磁转矩和机械特性

1. 转矩特性

转矩特性描述电磁矩和转差率的关系。异步电动机的电磁矩是根据电磁矩定子绕组产生的旋转磁场与转子绕组电流相互作用产生的，磁场越强转子电流越大，则电磁矩也越大。可以证明，三相异步电机的电磁转矩 T 可以用式（4.5.3）表示

$$T = K_2 T_2 \Phi \cos\varphi_2 \tag{4.5.3}$$

式（4.5.3）中，K_2 和电机的结构有关的常数。Φ 为每极的磁通。如果把式中的

$$\Phi = \frac{E_1}{4.44N_1 f_1} \approx \frac{U_1}{4.44N_1 f}$$

$$I_2 = \frac{sE_{20}}{\sqrt{R_2^2 + (sX_{20})^2}} = \frac{s4.44N_2 f_1 \Phi}{\sqrt{R_2^2 + (sX_{20})^2}}$$

代入式（4.5.3）得

$$T = KU_1^2 \frac{sR_2}{R_2^2 + (sX_{20})^2} \tag{4.5.4}$$

式中，K 为把所有常数确定后的比例常数，这就是电机的转矩特性，即 T=f（s），如图 4-24 所示。

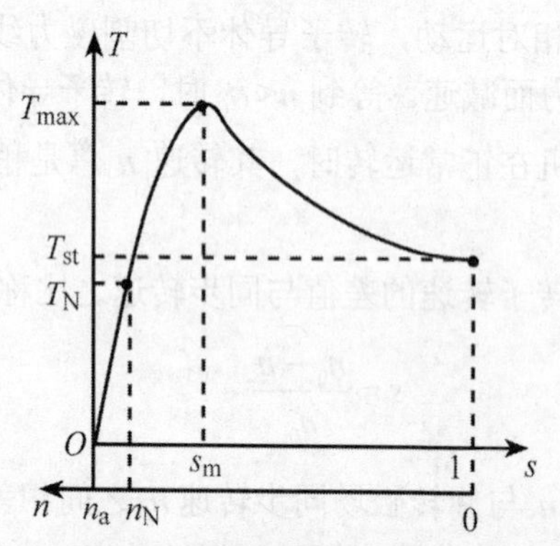

图 4-24　三相异步电动机的转矩特性曲线 T=f(s)

2. 机械特性

异步电机的机械特性是指转速与电磁矩的关系。即 n=f（T），由电动机的转速与转差率

s 的关系，可以将 $T=f$（s）曲线中的 s 轴变换为 n 轴，把 T 轴平移到 $s=1$，即 $n=0$ 处，再按顺时针方向旋转 90°，便得到 $n=f$（T）曲线，如图 4-25 所示。

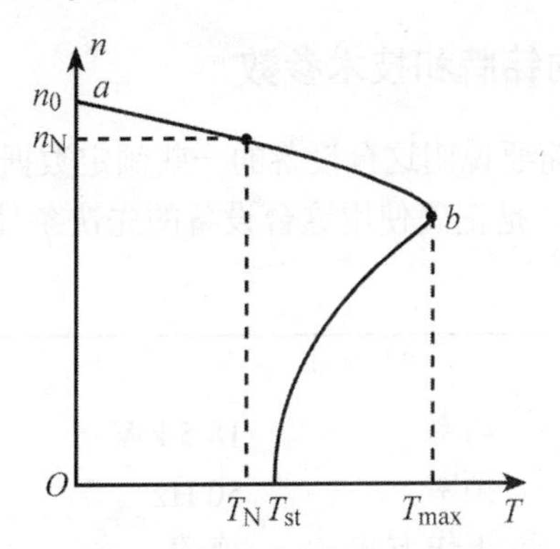

图 4-25　三相异步电动机的机械特性曲线 $n=f(T)$

3. 三个重要的转矩

（1） 额定转矩 T_N

电动机在额定电压下，转轴带上额定负载，以额定转速运行，输出额定功率时的转矩称为额定转矩，用 T_N 表示

$$T_N = 9550\frac{P_N(\mathrm{kW})}{n_N(\mathrm{r/min})} \tag{4.5.5}$$

式中，P_N 为异步电动机的额定功率，单位为 kW（千瓦）；n_N 为异步电动机的额定转速。单位为 r / min（转每分）；T_N 为异步电动机的额定转矩，单位为 N • m（牛 • 米）。

（2） 最大转矩 T_m

在机械特性曲线上，转矩的最大值称为最大转矩，它是稳定区与不稳定区的分界点。

电动机正常运行时，最大负载转矩不可超过最大转矩，否则电动机将带不动，转速越来越低，发生所谓的“闷车”现象，此时电动机电流会升高到电动机额定电流的 4～7 倍，使电动机过载，甚至烧坏。一旦发生“闷车”，应立即切断电源，并卸去过重的负载。为此将额定转矩 T_N 选得比最大转矩 T_m 低，使电动机能有短时过载运行的能力。通常用最大转矩 T_m 与额定转矩 T_N 的比值来表示过载能力，即过载系数 λ

$$\lambda = \frac{T_m}{T_N} \tag{4.5.6}$$

一般，三相异步电动机的过载系数为 1.8～2.2。

（3） 启动转轴 T_{st}

电动机在接通电源启动的最初瞬间，$n=0$，$s=1$ 时的转矩称为启动转矩，用 T_{st} 表示。启动时，要求 T_{st} 大于负载转矩 T_L，此时电动机的工作点就会沿着 $n=f$（T）曲线底部上升，电磁转矩增大，转速 n 越来越高，很快越过最大转矩 T_m。然后随着 n 的增高，T 又逐渐减小，直到 $T = T_L$ 时，电动机以某一转速稳定运行。可见，只要电动机一经启动，便迅速进入稳定区运行。

当 $T_{st} < T_L$ 时，电动机无法启动，造成堵转现象，电动机的电流达到最大，造成电动机过热。为此应立即切断电源，减轻负载或排除故障后再重新启动。

异步电动机的启动能力常用启动转矩与额定转矩的比值T_{st}/T_N来表示。一般三相笼型异步电动机的启动能力在1.0～2.2。

4.5.4　三相异步电动机的铭牌和技术参数

铭牌的作用是向使用者简要说明这台设备的一些额定数据和使用方法，因此看懂铭牌，按照铭牌的规定去使用设备，是正确使用这台设备的先决条件。如一台三相异步电动机铭牌数据如下：

三相异步电机					
型号	Y180M-4	功率	18.5 kW	电压	380 V
电流	35.9 A	频率	50 Hz	转速	1470 r/min
接法	△	工作方式	连续	绝缘等级	B
产品编号	××××	重量		180 kg	
××	电机厂	×年×月			

电机的技术参数数据有温升、效率、功率因数等。

1.　型号

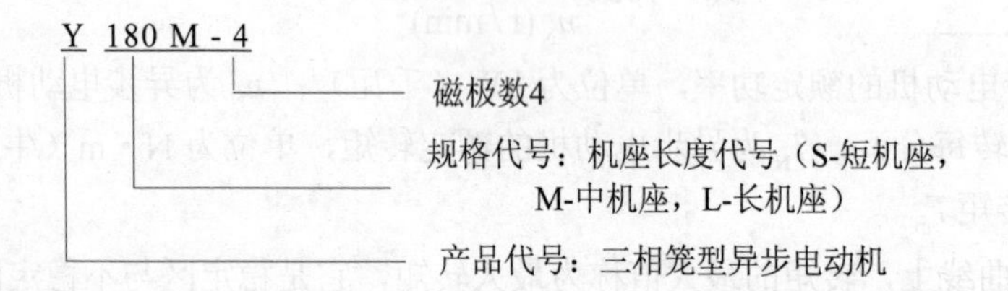

各种型号的电动机的产品型号代号如表4-2所示。

表4-2　异步电动机的产品代号

产品名称	产品代号	代号汉字意义	老产品代号
三相异步电动机	Y	异	J、J0
绕线型三相异步电动机	YR	异绕	JR、JRO
三相异步电动机（高启动转矩）	YQ	异起	JQ、JQO
多速三相异步电动机	YD	异多	JD、JDO
隔爆型三相异步电动机	YB	异爆	JBO、JBS

2.　额定功率P_N

指电动机在额定状况下运行时，转子轴上输出机械功率，单位为kW。

3.　额定电压U_N

指电动机在额定运行情况下，三相定子绕组应接的线电压值，单位为V。

4. 额定电流 I_N

指电动机在额定运行情况下，三相定子绕组的线电流值，单位为 A。

三相异步电动机额定功率、电流、电压之间的关系为

$$P_N = \sqrt{3}U_N I_N \cos\varphi_N \eta_N \tag{4.5.7}$$

对 380 V 低压异步电动机，其 $\cos\varphi_N$ 和 η_N 的乘积约为 0.8，代入式（4.5.7）得

$$I_N = 2P_N \tag{4.5.8}$$

根据上式可以估算低压异步电动机的值的大小。

5. 额定转速 n_N

指额定运行时电动机的转速，单位为 r/min。

6. 额定频率 f_N

我国电网频率为 50 Hz，故国内异步电动机频率均为 50 Hz。

7. 接法

电动机定子三相绕组有 Y 连接和△连接两种，Y 系列电动机功率在 4 kW 及以上均接成△形连接。绕组的接线标志如表 4-3 所示。

表 4-3 Y 三相异步电机系列接线段标志

首　端	U_1	V_1	W_1
末　端	U_2	V_2	W_2

8. 温升及绝缘等级

温升是指电动机运行时绕组温度允许高出周围环境温度的数值。但允许高出数值的多少是由电动机绕组所用绝缘材料的耐热程度决定的，绝缘材料的耐热程度称为绝缘等级，不同绝缘材料，其最高允许温升是不同的，中小电动机常用的绝缘材料分为五个等级，如表 3-4 所示。其中最高允许温升值是按环境温度 40℃计算出来的。

表 4-4 绝缘材料温升限值

级　别	A	E	B	F	H
最高容许温度	105℃	120℃	130℃	155℃	180℃

9. 工作方式

异步电动机的工作方式有以下 3 种。

① 连续工作方式：可按铭牌上规定的额定功率下长期连续使用，而温升不会超过容许值，可用代号 S_1 表示。

② 短时工作方式：每次只允许在规定时间以内按额定功率运行，如果运行时间超过规定时间，则会使电动机过热而损坏，可用代号 S_2 表示。

③ 断续工作方式：电动机以间歇方式运行。如吊车和起重机械的拖动多为此种方式，用代号 S_3 表示。

10. 三相异步电动机的选择

三相异步电动机应用最为广泛，选择是否合理，对运行安全和良好的经济、技术指标有很大影响。在选择电动机时，应从实际需要和经济、安全出发，合理选择其功率、种类和型号等。

① 功率（即容量）的选择

电动机功率的选择，由生产机械所需的功率决定。功率选得过大，会造成“大马拉小车”，虽然能保证正常运行，但不经济；功率选得过小，不能保证电动机和生产机械正常工作，长期过载运行，将使电动机烧坏而造成严重事故。

从发热角度将电动机分为连续工作、短时工作和断续工作三种方式。制造厂家按此三种不同的发热情况规定出电动机的额定功率和额定电流。同时还要考虑生产机械的机械负载情况，从过载能力及启动性能等要求来选择电动机的功率。

② 结构形式的选择

为防止电动机被周围介质所损坏，或因电动机本身的故障引起灾害，必须根据具体的环境选择适当的防护形式。电动机常见防护形式有开启式（适用于干燥清洁环境）、防护式（适用于较干燥、灰尘不多、无腐蚀性、爆炸性气体的场合）、封闭式（适用于多尘、水土飞溅的场合）和防爆式（适用于有易燃易爆气体的危险场合）四种。另外还须考虑电动机是否应用于特殊环境（如高原、户外、湿热等）。

③ 类型的选择

选择电动机的类型可从电源类型、机械特性、调速与启动特性、维护及价格等方面来考虑。如生产机械是不带载启动的设备（风扇、水泵、一般机床等），通常选用 Y 系列笼型异步电动机；如要带一定负载启动，可选用高启动转矩（YQ 系列）的电动机；如启动、制动频繁，又要启动转矩大的（起重机械、轧钢机等）可选用绕线转子异步电动机。

④ 电压的选择

电压的选择要根据电动机类型、功率及使用地点的电源电压来决定。大容量的电动机（大于 100 kW）在允许条件下一般选用如 3 000 V 或 6 000 V 高压电动机，小容量的 Y 系列笼型异步电动机电压只有 380 V 一个电压等级。

⑤ 转速的选择

电动机的额定转速取决于生产机械的要求和传动机构的变速比。额定功率一定时，转速越高，则体积越小，价格越低，但需要变速比大的传动减速机构就越复杂。因此，必须综合考虑电动机和机械传动等方面的因素。

4.6 单相异步电动机

单相异步电动机的定子绕组由单相电源供电，定子上有一个或两个绕组，转子多为笼型。单相异步电动机的工作原理与三相异步电动机相似，由定子绕组通入交流电产生旋转磁场，切割转子导体产生感应电压和电流，从而产生电磁转矩使转子转动。单相异步电动机具有结构简单、成本低廉、噪声小等优点，因此广泛用于工业、农业、医疗和家用电器等方面，最常见的如电钻、电风扇、洗衣机、电冰箱、空调、自动仪表等。与同容量的三相异步电动机相比，单相异步电动机的体积较大，运行性能较差。

4.6.1 单相异步电机的工作原理

单相异步电动机的总体结构和三相异步电动机的相似，由机壳、定子、转子和其他附件组成。电动机有两个定子绕组，即主绕组（运行绕组）和副绕组（启动绕组），转子为笼型，与三相笼型异步电动机的结构相似。

三相异步电动机接通电源后会产生旋转磁场，转子以低于磁场的转速跟随磁场旋转。而单相异步电动机的定子绕组通以单向交流电路，如图 4-26（b）所示，电动机内产生一个大小和方向随时间沿定子绕组轴线方向变化的磁场，称为脉动磁场，如图 4-26 所示。这个磁场的磁通总是随电流的大小和方向而变化，并且沿着轴线方向垂直地上下变化。根据右手定则可知，当定子中电流的方向如图 4-26（a）所示时，磁通的方向垂直向下；当电流的方向与图 4-26（a）所示方向相反时，磁通的方向垂直向上。这个磁场的轴线在空间固定不变，不旋转。可以证明，脉动磁场可分解为两个大小相等，转速相同但转向相反的旋转磁场所合成的磁场。当转子静止时，两个旋转磁场作用在转子上所产生的合力矩为零，所以转子静止不动，单相异步电动机不能自行启动。

实验证明，如果用外力使转子沿顺时针方向转动一下，使转子与两个旋转磁场间的相对速度发生变化，结果顺时针方向力矩大于逆时针方向力矩，电动机将继续沿顺时针方向运动下去，反之，电动机沿逆时针方向转动。

通过上述分析可知，单相异步电动机转动的关键是产生一个启动力矩，各种不同类型的单相异步电动机产生启动转矩的方法也不同。

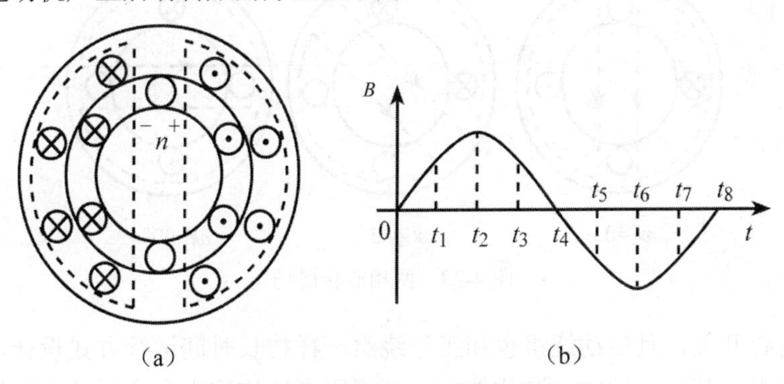

图 4-26 不同瞬间空气隙中 B 的分布

4.6.2 单相异步电动机的启动方法

据前可知，单相异步电动机的主要缺点是没有启动转矩。为了使单相异步电动机能按预定方向自行启动运转，必须采取一些措施使电动机在启动时出现启动转矩。常用的启动方式有分相法和罩极法。

1. 分相法

如图 4-27（a）所示是电容分相式异步电动机的原理图，定子有两个绕组，一个是工作绕组（又叫主绕组），另一个是启动绕组（又叫副绕组），两个绕组在空间互成 90°。启

动绕组与电容 C 串联，使启动绕组电流 i_2 和工作电流 i_1 产生 90° 的相位差，即电流波形如图 4-27（b）所示，即

$$i_1 = \sqrt{2} I_1 \sin \omega t$$
$$i_2 = \sqrt{2} I_1 \sin(\omega t + 90°)$$

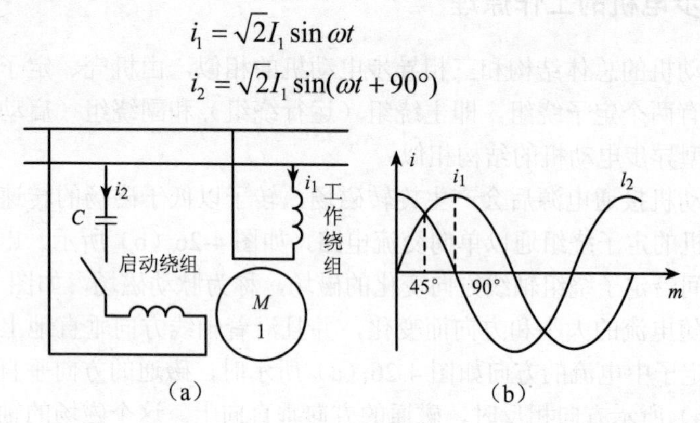

图 4-27　电容分相电动机及其电流波形

如图 4-28 所示分别为 $\omega t = 0°$、45°、90° 时合成磁场的方向。由图可见，该磁场随着时间的增加顺时针方向旋转，这样一来，单相异步电动机就可以在该旋转磁场的作用下启动。需要注意的是，如果电容分相式异步电动机启动绕组连续通电，有可能因过热而烧毁启动绕组，因此，启动完后，必须把启动绕组和电容器通过离心开关从电源上脱开，只有工作组通电，电动机在脉动磁场的作用下继续运转。

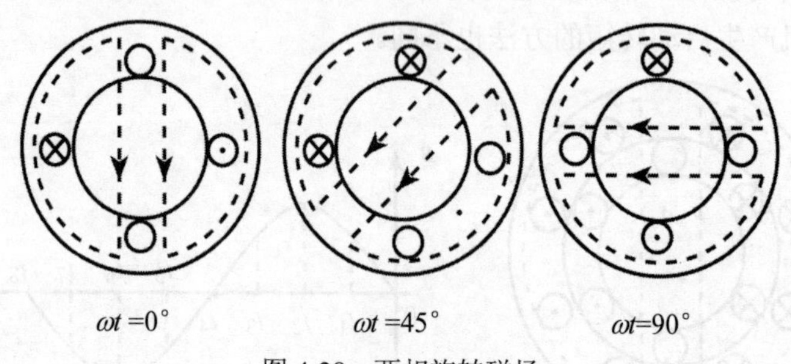

图 4-28　两相旋转磁场

若省去离心开关，且启动绕组也和工作绕组一样按长时间运行方式设计，便成为电容单相异步电动机，其运行性能、过载能力、功率因素等均比电容分相式电动机好。除电容分相外，也可用电阻分相，这种电动机称做电阻分相式电动机。

2.　罩极法

罩极法是在单相异步电动机的定子磁极极面上约 1/3 处套装一个铜环（又称短路环）。短路环的磁极部分称为罩极，如图 4-29 所示。

当定子绕组通入电流产生脉动磁场后，有一部分磁通穿过铜环，使铜环内产生感应电动势和感应电流。根据楞次定律，铜环中感应电流所产生的磁场阻止铜环部分磁通的变化，使得没套铜环部分磁极中的磁通与套有铜环部分磁极中的磁通产生相位差，罩极外的磁通超前罩极内的磁通一个相位角。随着定子绕组中电流变化率的改变，单相异步电动机定子磁场的方向也不断发生变化，相当于在电动机内形成一个旋转磁场。在这个旋转磁场的作

用下，电动机的转子就能够启动了。

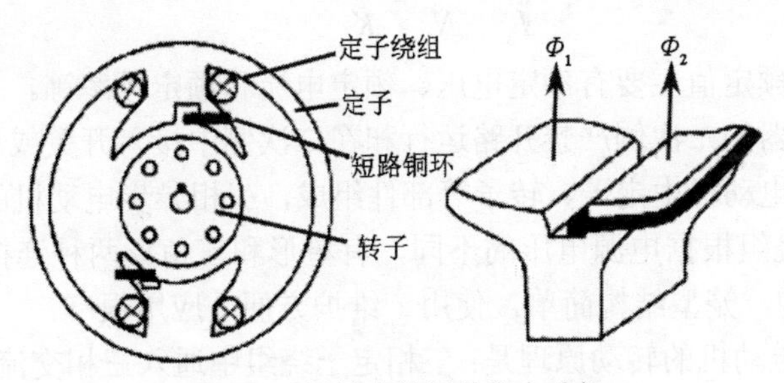

图 4-29 罩极式单相异步电动机

罩极式单相异步电动机磁场的旋转方向是由铜环在罩极上的位置决定的。罩极式单相异步电动机额定启动矩较小，效率、功率因数和过载能力较差，但是制造简单，维护方便，故常用于小功率的电风扇中。

4.6.3 单相异步电动机的使用和维护

单相异步电动机的使用基本上与三相异步电动机相似。在电动机运行过程中要经常注意电动机的转速是否正常，能否正常启动，温升是否过高，是否有焦臭味，有无杂音和振动等。由于单相异步电动机为单相电源供电，故在启动和运行中与三相异步电动机相比有其特殊之处，当某组定子绕组断路、启动电容开路或电动机负载过重时，容易出现无法启动或转速不正常等故障。

当电动机加上电源后无法启动时，必须立即切断电源，以免损坏电动机。应查找故障原因，在故障排除后，再通电试机。最常见的现象是电动机加上电源后不转动，但如果用手去拨动一下电动机转轴，则电动机就顺着拨动方向旋转起来，造成这种现象的主要原因是启动绕组电路断路、电动机长期工作后未清洗使阻力太大或电动机拖动的负载太大等。此时需对电动机进行维护。

本章小结

（1） 描述磁场的物理量有：磁感应强度 B、磁通 Φ、磁导率 μ 及磁场强度 H，$H = B/\mu$。

（2） 磁性材料具有高导磁、磁饱和及磁滞性能，根据磁滞回线中剩磁和矫顽磁力的不同，可分为软磁材料、硬磁材料和矩磁材料。

（3） 磁路是磁通集中通过的闭合路径。分有分支磁路和无分支磁路。

（4） 在交流铁芯线圈中，i 交变，Φ也交变，$U \approx 4.44 fN\Phi_{\mathrm{m}}$。交流铁芯线圈中存在铜损耗和铁损耗。

（5） 变压器是根据电磁感应原理而制成的一种静止电器。主要由铁芯和绕在其上的一、二次绕组构成。变压器按其一、二次绕组的匝数比，可以变换电压、变换电流和变换阻抗，常用公式有

$$\frac{U_1}{U_2} = \frac{N_1}{N_2} = K$$

$$\frac{I_1}{I_2}=\frac{N_2}{N_1}=\frac{1}{K}$$

（6） 变压器的额定值主要有额定电压、额定电流和额定频率等。

（7） 电流互感器的二次侧严禁开路运行和在二次侧中接入开关或熔断器。

（8） 三相异步电动机由定子、转子等部件组成，三相异步电动机的定子铁芯槽中嵌放着对称三相绕组，绕组根据电源电压的不同，有星形和三角形两种连接方法；转子有笼型和绕线转子两种结构。笼型结构简单，使用、维护方便，应用很广。

（9）三相异步电动机的转动原理是：三相定子绕组中通入三相交流电流产生旋转磁场，与转子导体相互切割，在转子绕组中产生感应电压和电流，使转子受到电磁力的作用产生电磁转矩，驱动转子跟着旋转磁场转动。

（10） 异步电动机的转矩公式为 $T=k_{\mathrm{T}}\Phi_{\mathrm{m}}I_2\cos\varphi_2$，由此可得出电动机的转矩特性 $T=f(s)$ 和机械特性 $n=f(T)$。

（11） 异步电动机铭牌上的数据都是额定值，是正确使用和选用电动机的依据。

（12） 直流电动机的三个基本方程是：$T=C_{\mathrm{T}}\Phi I_{\mathrm{a}}$，$E=C_E\Phi n$，及 $I_{\mathrm{a}}=\dfrac{U-E}{R_{\mathrm{a}}}$。励磁方式有他励、并励、串励和复励四种。不同的励磁方式有不同的机械特性，并励电动机具有硬机械特性，串励电动机具有软机械特性。

练习题

（1） 磁场的基本物理量有哪些？

（2） 磁性材料的磁导率为何不是常数？

（3） 磁性材料按其磁滞回线的形状不同，可分为几类？各有什么用途？

（4） 变压器能否变换直流电压？若把一台电压为 220 V/110 V 的变压器接入 220 V 的直流电源，将发生什么后果？为什么？

（5） 若电源电压与频率都保持不变，试问变压器铁芯中的励磁电流，是空载时大，还是有负载时大？

（6）一台电压为 220 V/110 V 的变压器，N_1=2 000 匝，N_2=1 000 匝。能否将其匝数减为 400 匝和 200 匝以节省铜线？为什么？

（7） 已知某单相变压器的一次绕组电压为 3 000 V，二次绕组电压为 220 V，负载是一台 220 V，25 kW 的电炉，试求一次绕组、二次绕组的电流各为多少？

（8） 有一额定容量 S_{N}=2 kV·A 的单相变压器，一次绕组额定电压 $U_{1\mathrm{N}}$=380 V，匝数 N_1=1 140，二次绕组匝数 N_2=108，试求：①该变压器二次绕组的额定电压 $U_{2\mathrm{N}}$ 及一、二次绕组的额定电流 $I_{1\mathrm{N}}/I_{2\mathrm{N}}$ 各是多少？②若在二次侧接入一个电阻负载，消耗功率为 800 W，则一、二次绕组的电流 I_1、I_2 各是多少？

（9） 有一台四极三相异步电动机，电源频率为 50 Hz，带负载运行时的转差率为 0.03，求同步转速和电动机转速。

（10） 两台三相异步电动机的电源频率为 50 Hz，额定转速分别为 1430 r/min 和 2900 r/min，试问它们是几极电动机？额定转差率分别是多少？

第 5 章　常用的低压电器

5.1　概述

凡是对电能的生产、输送、分配和使用起控制、调节、检测、转换及保护作用的电气设备都可称为电器。电器是所有电工器械的简称。我国现行标准将工作在交流 50Hz、额定电压 1 200 V 及以下和直流额定电压 1 500 V 及以下电路中的电器称为低压电器。低压电器种类繁多，它作为基本元器件已广泛用于发电厂、变电所、工矿企业、交通运输和国防工业等电力输配系统和电力拖动控制系统中。随着科学技术的不断发展，低压电器将会沿着体积小、重量轻、安全可靠、使用方便及性价比高的方向发展。

5.1.1　低压电器的分类

低压电器的品种、规格很多，作用、构造及工作原理各不相同，因而有多种分类方法。

1.　按用途分

低压电器按它在电路中所处的地位和作用可分为低压控制电器和低压配电电器两大类。低压控制电器是指电动机完成生产机械要求的启动、调速、反转和停止所用的电器，例如交流接触器、继电器等；低压配电电器是指正常或事故状态下接通和断开用电设备和供电电网所用的电器，如闸刀开关、熔断器等。

2.　按操作方式分

低压电器按它的操作方式可分为自动切换电器和手动切换电器。前者是依靠本身参数的变化或外来信号的作用，自动完成接通或断开等动作，如热继电器、交流接触器等；后者主要是由人工操纵进行切换，如闸刀开关、组合开关和按钮等。

3.　按执行机理分

低压电器按它有无触点可分为有触点电器和无触点电器两大类。目前有触点的电器仍占多数，有触点电器有动触点和静触点之分，利用触点的合与分来实现电路的通与断，如继电器、接触器等；无触点电器没有触点，主要利用晶体管的开关效应，即导通或截止来实现电路的通断，如接近开关、光电继电器等。

5.1.2　低压电器的主要技术数据

1.　额定电流

（1）　额定工作电流：在规定条件下，保证开关电器正常工作的电流值。

（2）　额定发热电流：在规定条件下，电器处于非封闭状态，开关电器在 8 小时工作制下，各部件温升不超过极限值时所能承载的最大电流。

（3） 额定封闭发热电流：在规定条件下，电器处于封闭状态，在所规定的最小外壳内，开关电器在 8 小时工作制下，各部件的温升不超过极限值时所能承载的最大电流。

（4） 额定持续电流：在规定的条件下，开关电器在长期工作制下，各部件的温升不超过规定极限值时所能承载的最大电流值。

2. 额定电压

（1） 额定工作电压：在规定条件下，保证电器正常工作的工作电压值。

（2） 额定绝缘电压：在规定条件下，用来度量电器及其部件的绝缘强度、电器间隙和漏电距离的标称电压值。除非另有规定，一般为电器最大额定工作电压。

（3） 额定脉冲耐受电压：反映电器当其所在系统发生最大过电压时所能耐受的能力。额定绝缘电压和额定脉冲耐受电压共同决定绝缘水平。

3. 操作频率及通电持续率

开关电器每小时内可能实现的最高操作循环次数称为操作频率。通电持续率是电器工作于断续周期工作制时负载时间与工作周期之比，通常以百分数表示。

4. 机械寿命和电气寿命

机械开关电器在需要修理或更换机械零件前所能承受的无载操作次数，称为机械寿命。在正常工作条件下，机械开关电器无需修理或更换零件的负载操作次数称为电气寿命。

对于有触点的电器，其触头在工作中除机械磨损外，尚有比机械磨损更为严重的电磨损。因而，电器的电气寿命一般小于其机械寿命。设计电器时，要求其电气寿命为机械寿命的 20%～50%。

5.1.3 选择低压电器的注意事项

我国生产的低压电器品种规格较多，在选择时首先考虑安全原则，安全可靠是对任何电器的基本要求，保证电路和用电设备的可靠运行是正常生活与生产的前提。其次是经济性，即电器本身的经济价值和使用该电器产生的价值。另外，在选择低压电器时还应注意以下几点。

1. 了解电器的正常工作条件，如环境温度、湿度、海拔高度、振动和防御有害气体等方面的能力。

2. 了解电器的主要技术性能，如用途、种类、通断能力和使用寿命等。

3. 明确控制对象及使用环境。

4. 明确相关的技术数据，如控制对象的额定电压、额定功率、操作特性、启动电流及工作方式等。

5.2 低压配电电器

低压配电电器是指正常或事故状态下接通或断开用电设备和供电电网所用的电器，广泛应用于电力配电系统，实现电能的输送和分配及系统的保护。这类电器一般不经常操作，机械寿命的要求比较低，但要求动作准确迅速、工作可靠、分断能力强、操作电压低、保护性能完善和热稳定性能高等。常用的低压配电电器包括开关电器和保护电器等。

5.2.1 开关电器

开关电器是控制电路中用于不频繁地接通或断开电路的开关，或用于机床电路电源的引入开关。开关电器包括刀开关、组合开关及自动开关等。

1. 刀开关

刀开关是一种简单且使用广泛的手动电器，又称为闸刀开关，一般在不频繁操作的低压电路中，用做接通和切断电源，或用来将电路与电源隔离，有时也用来控制小容量电动机的直接启动与停机。

刀开关由闸刀（动触点）、静插座（静触点）、手柄和绝缘底板等组成，如图 5-1 所示是常见的胶盖瓷底闸刀开关的结构示意图。

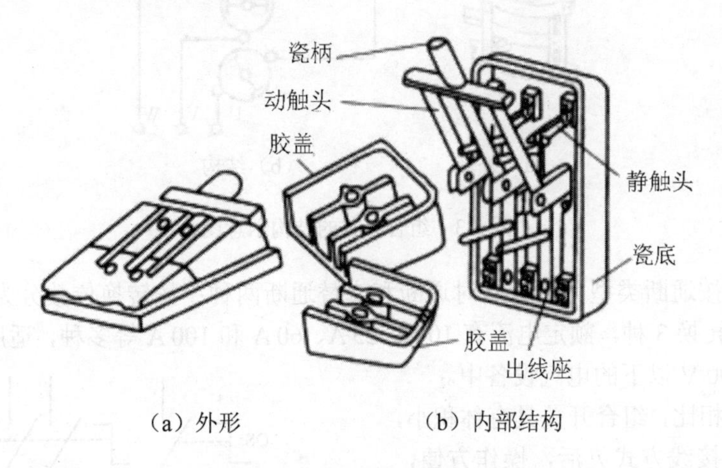

图 5-1　闸刀开关的结构示意图

刀开关的种类很多，按极数（刀片数）不同可分为单极、双极和三极，如图 5-2 所示是它们在电路中的符号。

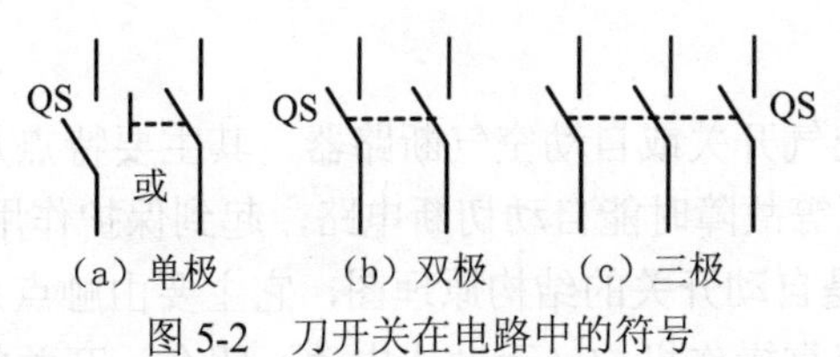

图 5-2　刀开关在电路中的符号

刀开关一般与熔断器串联使用，以便在短路或过载时熔断器熔断而自动切断电路。

安装刀开关时，电源线应接在静触点上，负荷线接在闸刀相连的端子上，对于有熔断丝的刀开关，负荷线应接在闸刀下侧熔断丝的另一端，以确保刀开关切断电源后闸刀和熔断丝不带电。垂直安装时，手柄向上合为接通电源，向下拉为断开电源，不能反装，否则可能因闸刀松动自然落下而误将电源接通。刀开关的额定电流应该大于其所控制的最大负载电流，用于直接启停 3 kW 及以下的三相异步电动机时，刀开关的额定电流必须大于电动机额定电流的 3 倍。

2. 组合开关

组合开关又称转换开关，是一种转动式的闸刀开关，主要用于接通或切断电路、换接电源、控制小型鼠笼式三相异步电动机的启动、停止、正反转和局部照明。

转换开关有单极、双极和多极之分。它是由单个或多个单极旋转开关叠装在同一根方形转轴上组成的，在开关的上部装有定位机构，它能使触片处在一定的位置上，其结构示意图如图 5-3 所示。

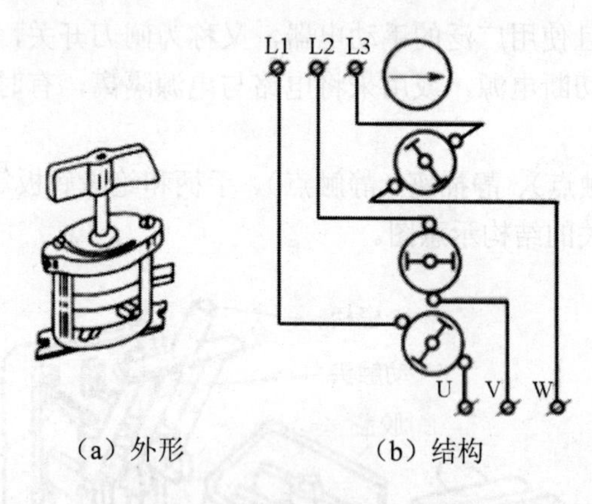

（a）外形　　（b）结构

图 5-3　组合开关的结构示意图

组合开关按通断类型可分为同时通断和交替通断两种；按转换位数分为二位转换、三位转换、四位转换 3 种。额定电流有 10 A、25 A、60 A 和 100 A 等多种，适用于交流 380 V 以下、直流 200 V 以下的电气设备中。

与刀开关相比，组合开关具有体积小，触点对数多，接线方式灵活，操作方便，通断电路能力强等优点。

组合开关的图形符号和文字符号，如图 5-4 所示。

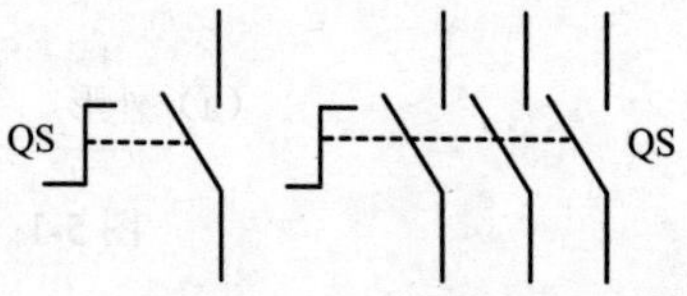

QS　QS

（a）单极　　（b）三极

图 5-4　组合开关的图形和文字符号

3. 自动开关

自动开关又称自动空气开关或自动空气断路器，其主要特点是具有自动保护功能，当发生短路、过载、欠电压等故障时能自动切断电路，起到保护作用。

如图 5-5（a）所示是自动开关的结构原理图，它主要由触点系统、操作机构和保护元件等三部分组成。主触点靠操作机构（手动或电动）闭合，开关的脱扣机构是一套连杆装置，有过流脱扣器和欠电压脱扣器等，它们都是电磁铁。主触点闭合后就被锁钩锁住。在正常情况下，过流脱扣器的衔铁是释放的，一旦发生严重过载或短路故障，线圈因流过大电流而产生较大的电磁吸力，把衔铁往下吸而顶开锁钩，使主触点断开，起到过流保护作用，欠电压脱扣器的工作情况与之相反，正常情况下吸住衔铁，主触点闭合，当电压严重下降或断电时释放衔铁使主触点断开，实现欠电压保护。如图 5-5（b）所示为自动开关的电气符号。若失压（电压严重下降或断电），其吸力减小或完全消失，衔铁就被释放而使主触点断开。当电源电压恢复正常时，必须重新合闸后才能工作，实现了失压保护。

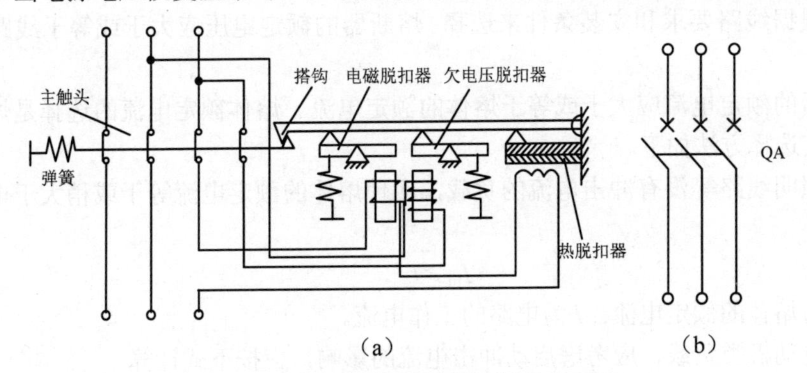

图 5-5　自动开关的结构原理图及电气符号

5.2.2　熔断器

熔断器主要由熔体（俗称保险丝）和安装熔体的熔管（或熔座）两部分组成。熔体一般由熔点低、易于熔断、导电性能良好的合金材料制成。在小电流的电路中，常用铅合金或锌做成的熔体（熔丝）。对大电流的电路，常用铜或银做成片状或笼状的熔体。在正常负载情况下，熔体温度低于熔断所必需的温度，熔体不会熔断。当电路发生短路或严重过载时，电流变大，熔体温度达到熔断温度而自动熔断，切断被保护的电路。熔体为一次性使用元件，再次工作必须换成新的熔体。

熔断器的类型及常用产品有瓷插（插入）式、螺旋式和密封管式三种。机床电气线路中常用的是 RLl 系列螺旋式熔断器及 RCl 系列插入式熔断器，它们的结构如图 5-6 及图 5-7 所示。RL 系列螺旋式熔断器主要由瓷帽、熔断管、瓷套、上接线座、下接线座及瓷座等部分组成。在该系列熔断器的熔断管内，熔丝的周围填充着石英砂以增强灭弧性能，熔丝焊在瓷管两端的金属盖上，其中一端有标有颜色的熔断指示色点，当熔丝熔断时，色点自动脱落，此时只需更换同规格的熔断管即可。RCl 系列插入式熔断器由瓷座、瓷盖、动触点、静触点及熔丝五部分组成。该系列熔断器结构简单，更换方便，价格低廉，一般在交流 50Hz、额定电压 380 V 及以下、额定电流 200 A 及以下的低压线路末端或分支电路中使用。

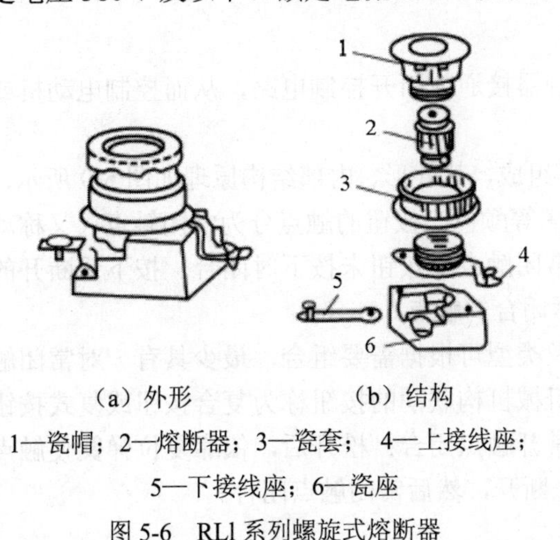

（a）外形　（b）结构

1—瓷帽；2—熔断器；3—瓷套；4—上接线座；

5—下接线座；6—瓷座

图 5-6　RLl 系列螺旋式熔断器

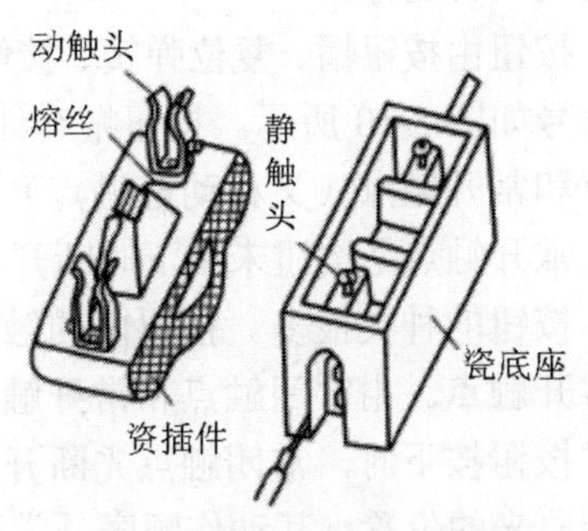

图 5-7　RCl 系列插入式熔断器

选择熔断器主要是选择熔断器的类型、额定电压、额定电流及熔体额定电流。熔断器的类型应根据线路要求和安装条件来选择。熔断器的额定电压应大于或等于线路的工作电压。

熔断器的额定电流应大于或等于熔体的额定电流。熔体额定电流的选择是熔断器选择的核心，其选择方法如下。

对于照明线路等没有冲击电流的负载，应使熔体的额定电流等于或稍大于电路的工作电流，即

$$I_{fu} \geqslant I$$

式中，I_{fu} 为熔体的额定电流；I 为电路的工作电流。

对于电动机类负载，应考虑启动冲击电流的影响，应按下式计算

$$I_{fu} \geqslant (1.5 \sim 2.5) I_N$$

式中，I_N 为电动机的额定电流。

对于多台电动机，由一个熔断器保护时，熔体的额定电流应按下式计算

$$I_{fu} \geqslant (1.5 \sim 2.5) I_{Nmax} + \Sigma I_N$$

式中，I_{Nmax} 为功率最大的一台电动机的额定电流；ΣI_N 为其余电动机额定电流的总和。

RS_0、RS_3 系列快速熔断器的发热时间常数小，熔断时间短，动作快，主要用做电力半导体器件及其成套设备的过载及短路保护。

熔断器的图形及文字符号如图 5-8 所示。

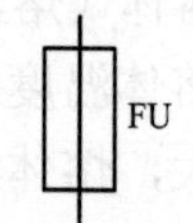

图 5-8　熔断器的图形及文字符号

5.3　主令电器

主令电器主要用来切换控制电路，即用它来控制接触器、继电器等电器的线圈得电与失电，从而控制电力拖动系统的启动与停止，以及改变系统的工作状态，如正转与反转等。由于它是一种专门发号施令的电器，故称为主令电器。主令电器应用广泛，种类繁多，常用的主令电器有按钮开关、行程开关，接近开关、转换开关、凸轮控制器等。

5.3.1　按钮

按钮主要用于远距离操作继电器、接触器接通或断开控制电路，从而控制电动机或其他电气设备运行。

按钮由按钮帽、复位弹簧、接触部件等组成，其外形、内部结构原理如图 5-9 所示，图形符号如图 5-10 所示。按钮帽有红、绿、黑等颜色。按钮的触点分为常闭触点（又称动断触点和常开触点（又称动合触点）两种。常闭触点是按钮未按下时闭合、按下后断开的触点；常开触点是按钮未按下时断开，按下后闭合的触点。

按钮的种类很多。按钮内的触点对数及类型可根据需要组合，最少具有一对常闭触点或常开触点。由常闭触点和常开触点通过机械机构联动的按钮称为复合按钮或复式按钮。复式按钮按下时，常闭触点先断开，然后常开触点闭合；松开后，依靠复位弹簧使触点恢复到原来的位置，其动作顺序是常开触点先断开，然后常闭触点闭合。

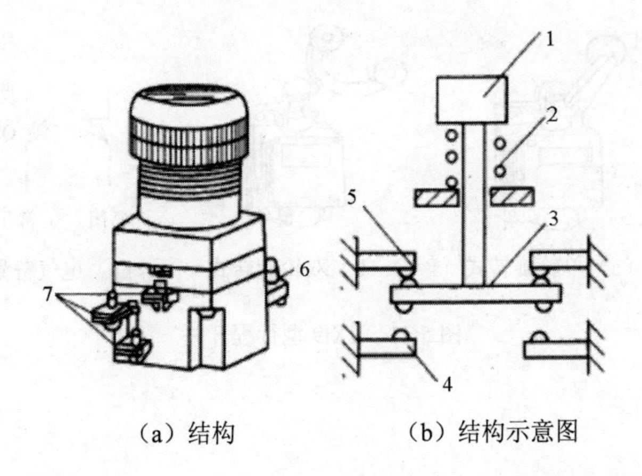

（a）结构　　　　（b）结构示意图

1—按钮帽；2—复位弹簧；3—动触头；4—常开触点静触头；5—常闭触点动触头；6、7—接线柱

图 5-9　按钮开关结构图

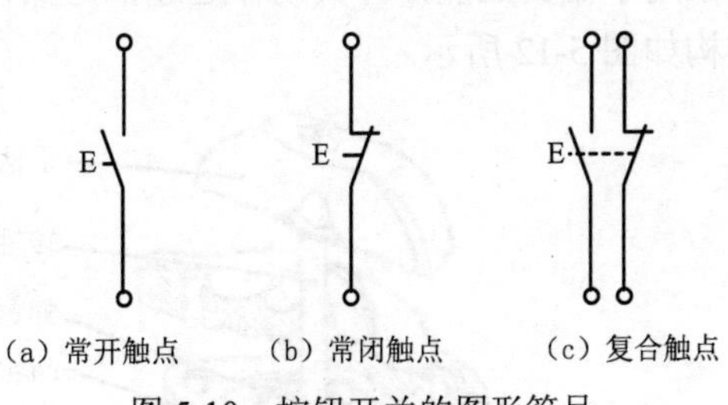

（a）常开触点　（b）常闭触点　（c）复合触点

图 5-10　按钮开关的图形符号

按钮的额定电压为交流 380 V、直流 220 V、额定电流 5 A。在机床上常用的有 LA2（老产品）、LAl8、LAl9 及 LA20 等系列。按钮帽有多种颜色，一般红色用做停止按钮，绿色用做启动按钮。按钮主要根据所需要的触点数、使用场合及颜色来选择。

5.3.2　行程开关

行程开关又称限位开关，是根据运动部件位置而切换电路，以控制其运动方向和行程的自动控制电器。其作用原理与按钮相同，区别在于它不是靠手指的按压而是利用生产机械运动部件的碰压使其触点动作，从而将机械信号转变为电信号，用以控制机械动作或用做程序控制。动作时，由挡块与行程开关的滚轮碰撞，使触点接通或断开，用来控制运动部件的运动方向、行程大小或位置保护。行程开关有机械式和电子式两种，机械式常见的有按钮式和滑轮式两种。机床上常用的有 LX2、LXl9、JLXKl 及 LXW-11、JLXWl-11 型微动开关等。

LXl9 及 JLXKl 型行程开关都备有常开、常闭两对触点，并有自动复位（单轮式）和不能自动复位（双轮式）两种类型，如图 5-11 所示。

普通行程开关允许操作频率为每小时 1200～2400 次，机电寿命约为 1×10^6～2×10^6 次。行程开关主要根据机械位置对开关的要求及触点数目的要求来选择型号。

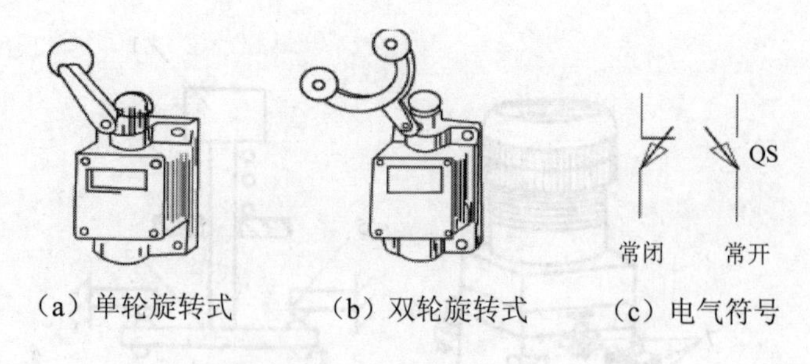

（a）单轮旋转式　　（b）双轮旋转式　　（c）电气符号

图 5-11　LXl9 型行程开关

5.3.3　转换开关

转换开关（又称组合开关）用于换接电源或负载、测量三相电压和控制小型电动机正反转。转换开关由多节触头组成，手柄可手动向任意方向旋转，每旋转一定角度，动触片就接通或分断电路。由于采用了扭簧贮能，开关动作迅速，与操作速度无关。HZl0-10/3 型转换开关的外形和内部结构如图 5-12 所示。

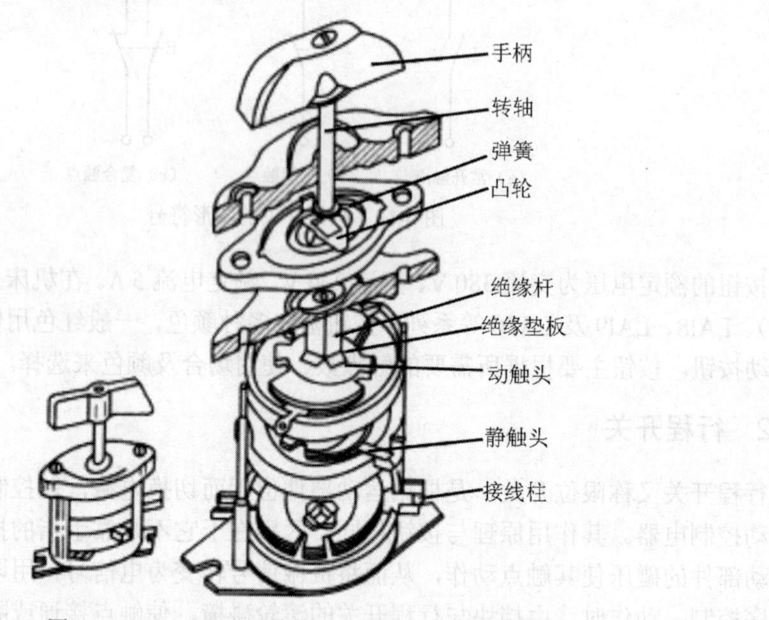

图 5-12　HZl0-10/3 型转换开关的外形和内部结构

5.3.4　接近开关

行程开关是有触点开关，在操作频繁时，易产生故障，工作可靠性较低。接近开关是无触点开关，按工作原理来区分，有高频振荡型、电容型、感应电桥型、永久磁铁型、霍尔效应型等多种，其中以高频振荡型最为常用。高频振荡型接近开关的电路由振荡器、晶体管放大器和输出电路三部分组成。其基本工作原理是：当装在运动部件上的金属物体接近高频振荡器的线圈 L（称为感应头）时，由于该物体内部产生涡流损耗，使振荡回路等效电阻增大，能量损耗增加，使振荡减弱直至终止，开关输出控制信号。通常把接近开关刚好动作时感应头与检测体之间的距离称为动作距离。

常用的接近开关有 LJl、LJ2 和 JXJ0 系列，如图 5-13 所示为 LJ2 系列晶体管接近开关电路原理图。此开关的振荡器是由晶体管 V_1、振荡线圈 L 和电容 C_1、C_2 和 C_3 组成的电容三点式振荡器。振荡器的输出加到晶体管 V_2 的基极上，经 V_2 放大及二极管 VD_1、VD_2 整流成为直流信号，再加至 V_3 的基极。当开关附近没有金属物体时，VD_1、VD_2 整流电路有电压输出，V_3 导通，故 V_4 截止，V_5 导通，V_6 截止，开关无输出。当金属物体靠近开关感应头到达动作距离时，致使振荡回路的振荡减弱至终止振荡，这时 VD_1、VD_2 整流电路无输出电压，则 V_3 截止，使 V_4 导通，V_5 截止，V_6 导通并有信号输出。

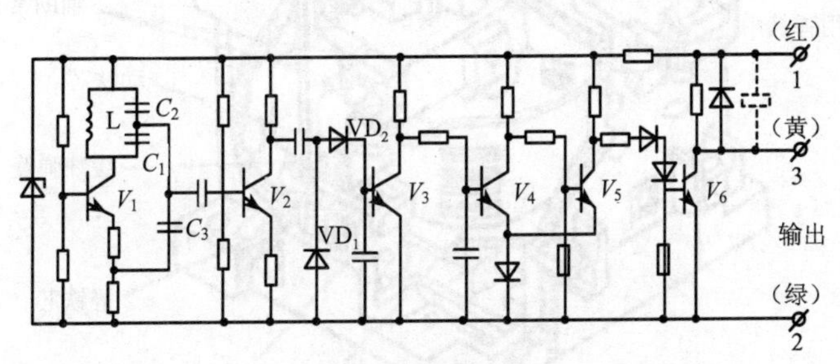

图 5-13　LJ2 系列晶体管接近开关电路原理图

接近开关因具有工作稳定可靠、使用寿命长、重复定位精度高、操作频率高、动作迅速等优点，故应用越来越广泛。接近开关的图形符号及文字符号如图 5-14 所示。

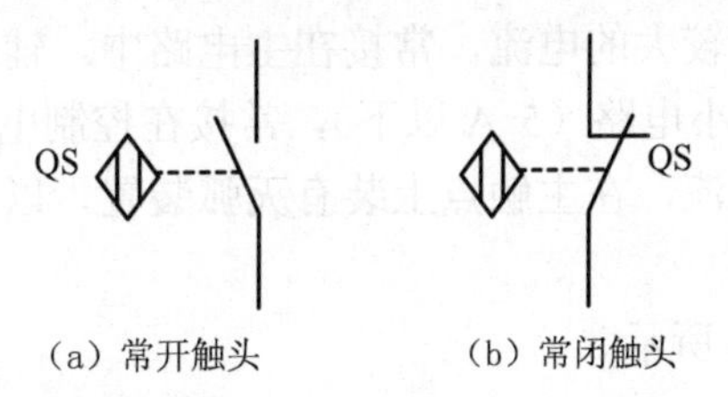

（a）常开触头　　（b）常闭触头

图 5-14　接近开关的图形符号及文字符号

5.4　交流接触器

接触器是一种适用于远距离频繁接通和分断交直流主电路及控制电路的自动控制电器。其主要控制对象是电动机，也可用于其他电力负载，如电热器、电焊机等。接触器具有欠压保护、零压保护、控制容量大、工作可靠、寿命长等优点，它是自动控制系统中应用最多的一种电器。

5.4.1　结构

接触器由电磁系统、触头系统、灭弧系统、释放弹簧及基座等几部分构成，如图 5-15 所示。电磁系统包括线圈、静铁芯和动铁芯（衔铁），当电磁铁的线圈通电时，产生电磁吸引力，将衔铁吸下，使常开触点闭合，常闭触点断开。电磁铁的线圈断电后，电磁吸引力消失，依靠弹簧使触点恢复到初始状态；触头系统包括用于接通、切断主电路的主触头和用于控制电路的辅助触头；灭弧装置用于迅速切断主触头断开时产生的电弧（一个很大的电流），以免使主触头烧毛、熔焊，对于容量较大的交流接触器，常采用灭弧罩灭弧。

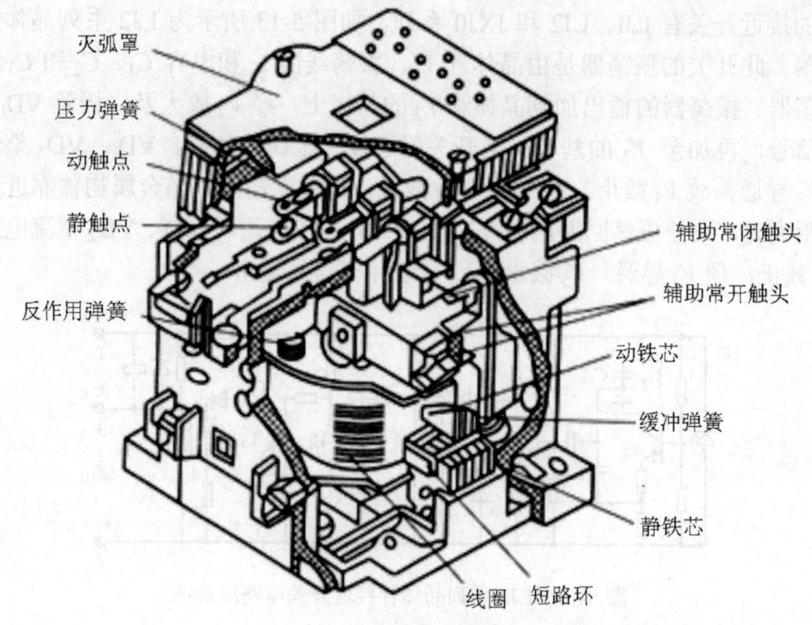

图 5-15　交流接触器的结构图

根据用途可将交流接触器触点分为主触点和辅助触点两种。主触点一般比较大，接触电阻较小，用于接通或分断较大的电流，常接在主电路中。辅助触点一般比较小，接触电阻较大，用于接通或分断较小电路（5 A 以下），常接在控制电路（或称辅助电路）中。有时为了接通或分断较大的电流，在主触点上装有灭弧装置，以熄灭由于主触点断开而产生的电弧，防止烧毁触点。

图形文字符号如图 5-16 所示。

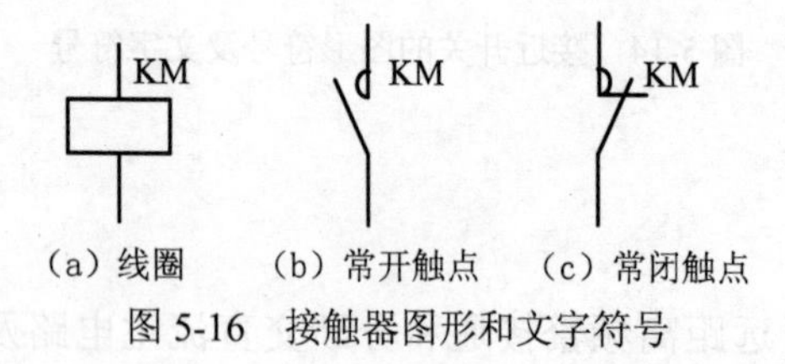

（a）线圈　（b）常开触点　（c）常闭触点

图 5-16　接触器图形和文字符号

选用交流接触器时，应使主触点电压大于或等于所控制回路电压，主触点电流大于或等于负载额定电流。

5.4.2　工作原理

接触器的工作原理是利用电磁铁吸力及弹簧反作用力配合动作，使触头接通或断开。当吸引线圈通电时，铁芯被磁化，吸引衔铁向下运动，使得常闭触头断开，常开触头闭合。当线圈断电时，磁力消失，在反力弹簧的作用下，衔铁回到原来位置，也就使触头恢复到原来状态，如图 5-17 所示。

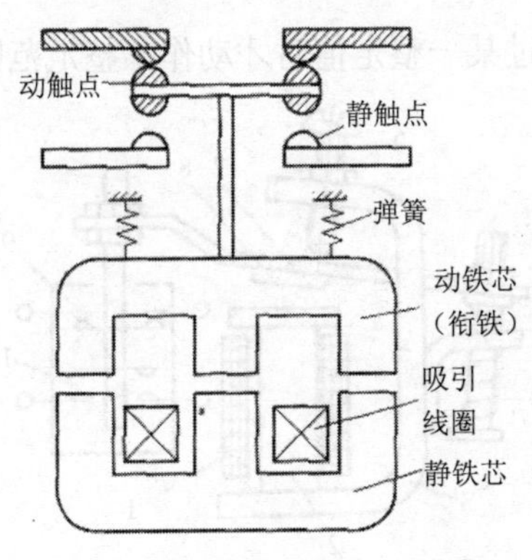

图 5-17　交流接触器工作原理图

5.5　继电器

继电器是一种根据某种输入信号的变化，而接通或断开控制电路，实现控制目的的电器。继电器的输入信号可以是电流、电压等电量，也可以是温度、速度、时间、压力等非电量，而输出通常是触点的接通或断开动作。继电器一般不用来直接控制有较大电流的主电路，而是通过接触器或其他电器对主电路进行控制。因此与接触器相比较，继电器的触头断流容量较小，一般不需灭弧装置，但对继电器动作的准确性则要求较高。

继电器的种类很多，按其用途可分为控制继电器，保护继电器；按动作时间可分为瞬时继电器，延时继电器；按输入信号的性质可分为电压继电器，电流继电器，时间继电器，温度继电器，速度继电器，压力继电器等；按工作原理可分为电磁式继电器，感应式继电器，电动式继电器，热继电器和电子式继电器等。下面将重点介绍继电接触控制系统中用得较多的电磁式继电器，时间继电器及热继电器。

5.5.1　电磁式继电器

电磁式继电器按吸引线圈电流的种类不同，有直流和交流两种。其结构及工作原理与接触器相似，但因继电器一般用来接通和断开控制电路，故触点电流容量较小（一般 5 A 以下）。如图 5-18 所示为 JT3 系列直流电磁式继电器结构示意图，弹簧 4 调得越紧，则吸引电流（电压）和释放电流（电压）就越大。非磁性垫片 8 越厚，衔铁吸合后磁路的气隙和磁阻就越大，释放电流（电压）也就越大，而吸引值不变。可通过调节螺母 5 与调节螺钉 6 来整定继电器的吸引值和释放值。下面介绍一些常用的电磁式继电器。

1.　电流继电器

反映输入量为电流的继电器叫做电流继电器。电流继电器的线圈串接在被测量的电路中，以反映电路电流的变化。为了不影响电路工作情况，电流继电器线圈匝数少，导线粗，线圈阻抗小。

电流继电器有欠电流继电器和过电流继电器两类。欠电流继电器的吸引电流为线圈额定电流的 30%～65%，释放电流为额定电流的 10%～20%。因此，在电路正常工作时，衔铁是吸合的，只有当电流降低到某一整定值时，继电器释放输出信号。过电流继电器在电路正常工作时不动作，当电流超过某一整定值时才动作，整定范围通常为1.1～4倍额定电流。

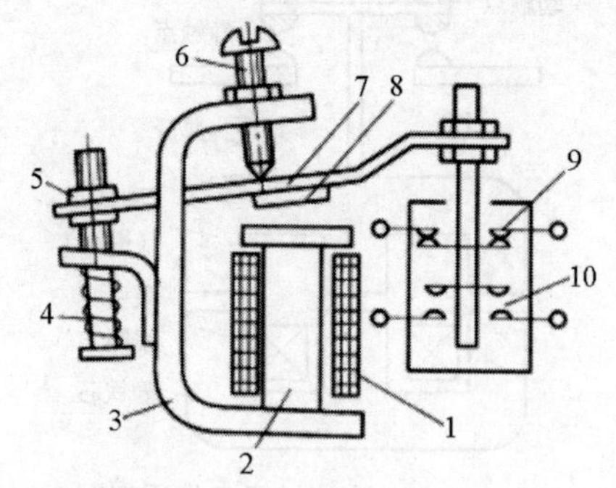

1—线圈；2—铁芯；3—磁轭；4—弹簧；5—调节螺母；6—调节螺钉；

7—衔铁；8—非磁性垫片；9—常闭触点；10—常开触点

图5-18 JT3系列直流电磁式继电器结构示意图

在机床电气控制系统中，用得较多的电流继电器有JL14、JL15、JT9、JT10等型号，主要根据主电路内的电流种类和额定电流来选择。

2. 电压继电器

反映输入量为电压的继电器叫电压继电器。电压继电器的结构与电流继电器相似，不同的是电压继电器线圈为并联的电压线圈，所以匝数多，导线细，阻抗大。

电压继电器按动作电压值的不同，有过电压、欠电压和零电压之分。过电压继电器在电压为额定电压的110%～115%以上时动作；欠电压继电器在电压为额定电压的40%～70%时有保护动作；零电压继电器当电压降至额定电压的5%～25%时有保护动作。

机床电气控制系统中，常用的有JT3、JT4型。

3. 中间继电器

中间继电器是用来增加控制电路中的信号数量或将信号放大的继电器。其输入信号是线圈的通电和断电，输出信号是触点的动作。中间继电器实质上是电压继电器的一种，但它的触点数多（多至6对或更多），且没有主辅之分，各对触点允许通过的电流大小相同，多数为5 A，动作灵敏（动作时间不大于0.05s）。其主要用途是当其他继电器的触点数或触点容量不够时，可借助中间继电器来扩大它们的触点数或触点容量，起到中转的作用。

电磁式继电器的一般图形符号是相同的，如图5-19所示。电流继电器的文字符号为KA，线圈方格中用 $I>$（或 $I<$）表示过电流（或欠电流）继电器。电压继电器的文字符号为KV，线圈方格中用 $U<$（或 U=0）表示欠电压（或零电压）继电器。

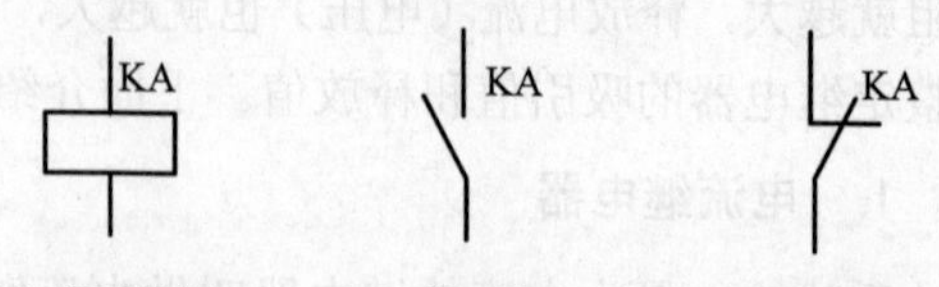

（a）吸引线圈　（b）常开触点　（c）常闭触点

图5-19 电磁式继电器的一般图形符号

5.5.2 时间继电器

自得到动作信号起至触点动作或输出电路产生跳跃式改变有一定延时时间，该延时时间又符合其准确度要求的继电器称为时间继电器。按其工作原理与构造不同，可分为电磁式、空气阻尼式、电动式和晶体管式等类型。机床控制电路中应用较多的是空气阻尼式时间继电器，晶体管式时间继电器也获得愈来愈广泛的应用。

1. 空气阻尼式时间继电器

空气阻尼式时间继电器，是利用空气阻尼作用获得延时的，有通电延时和断电延时两种类型，其型号有 JS7-A 和 JSl6 系列。如图 5-20 所示是 JS7-A 系列时间继电器的外形与结构示意图，它主要由以下几部分组成。

（1）电磁系统。由线圈、铁芯和衔铁组成。

（2）触点系统包括两对瞬时触点（一常开、一常闭）和两对延时触点（一对常开、一对常闭），瞬时触点和延时触点分别是两个微动开关的触点。

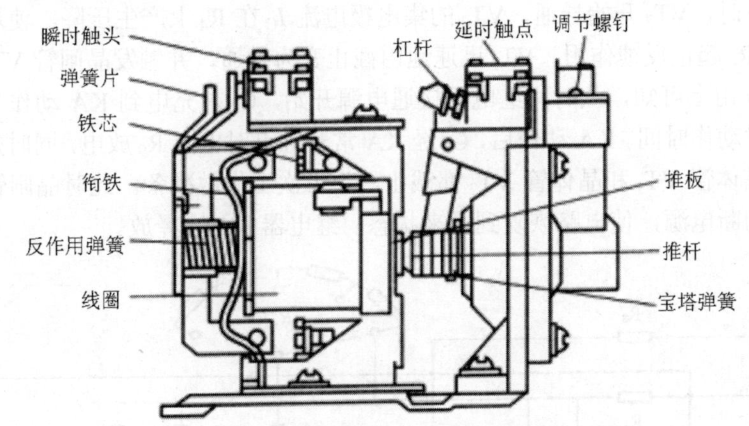

图 5-20　JS7-A 系列时间继电器的外形与结构示意图

（3）　空气室。空气室为一空腔，由橡皮膜、活塞等组成。

（4）　传动机构。由推杆、活塞杆、杠杆及各种类型的弹簧等组成。

（5）　基座用金属板制成，用以固定电磁机构和空气室。

时间继电器有通电延时和断电延时两种类型。通电延时型时间继电器的动作原理是：线圈通电时使触头延时动作，线圈断电时使触头瞬时复位。断电延时型时间继电器的动作原理是：线圈通电时使触头瞬时动作，线圈断电时使触头延时复位。时间继电器的图形符号如图 5-21 所示，文字符号表示为 KT。

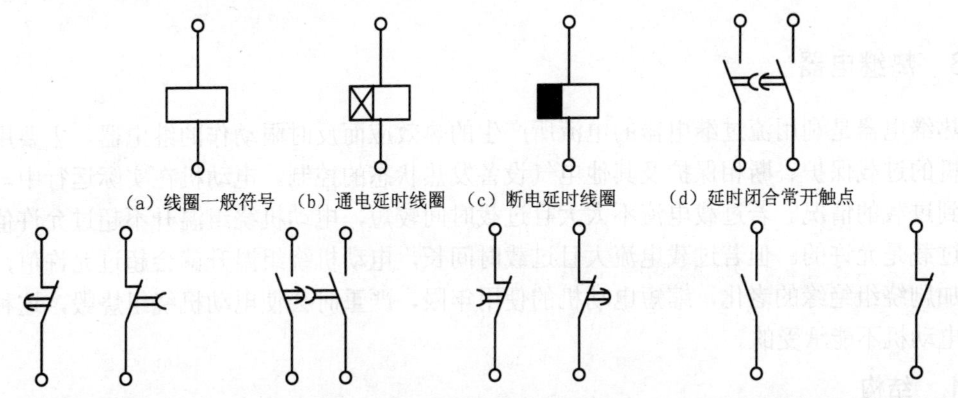

图 5-21　时间继电器的图形符号

2. 电子式时间继电器

电子式时间继电器的种类很多，最基本的有延时吸合和延时释放两种，它们大多利用电容充放电原理来达到延时的目的。JS20 系列电子式时间继电器具有延时长、线路简单、延时调节方便、性能稳定、延时误差小、触点容量较大等优点。图 5-22 所示为 JS20 系列电子式时间继电器原理图。刚接通电源时，电容器 C_2 尚未充电，此时 $U_G=0$，场效应晶体管 VT_1 的栅极与源极之间电压 $U_{GS}=U_S$，此后，直流电源经电阻 R_{10}、RP_1、R_2 向 C_2 充电，电容 C_2 上电压逐渐上升，直至 U_G 上升至 $|U_G-U_S|<|U_P|$（U_P 为场效应晶体管的夹断电压）时，VT_1 开始导通。由于 I_D 在 R_3 上产生压降，D 点电位开始下降，一旦 D 点电压降到 VT_2 的发射极电位以下时，VT_2 开始导通，VT_2 的集电极电流 I_C 在 R_4 上产生压降，使场效应晶体管的 U_S 降低。R_4 起正反馈作用，VT_2 迅速地由截止变为导通，并触发晶闸管 VT 导通，继电器 KA 动作。由上可知，从时间继电器接通电源开始，C_2 被充电到 KA 动作为止的这段时间为通电延时动作时间。KA 动作后，C_2 经 KA 常开触点对电阻 R_9 放电，同时氖泡 N_e 起辉，并使场效应晶体管 VT_1 和晶体管 VT_2 都截止，为下次工作做准备。此时晶闸管 VT 仍保持导通，除非切断电源，使电路恢复到原来状态，继电器 KA 才释放。

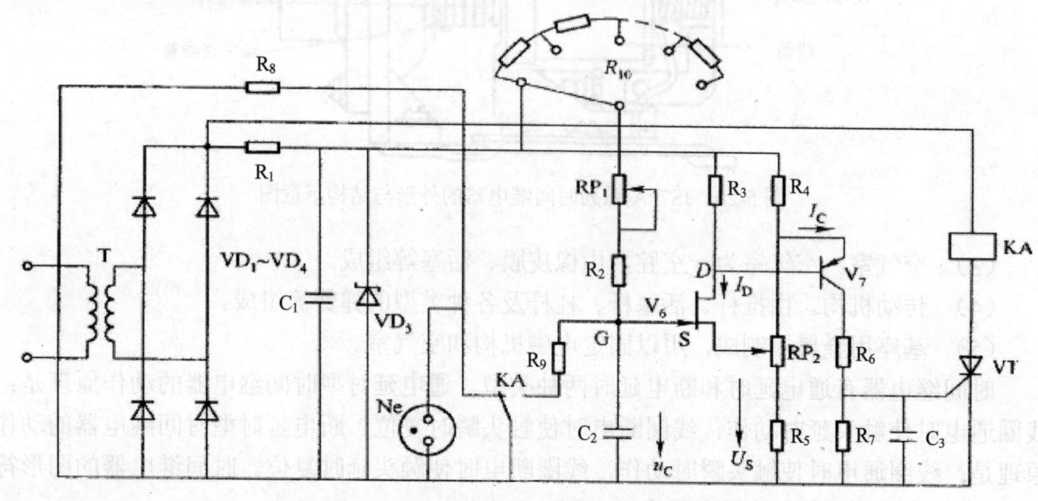

图 5-22　JS20 系列电子式时间继电器原理图

5.5.3　热继电器

热继电器是利用流过继电器的电流所产生的热效应而反时限动作的继电器。主要用于电动机的过载保护、断相保护及其他电气设备发热状态的控制。电动机在实际运行中，常常遇到过载的情况。若过载电流不太大且过载时间较短，电动机绕组温升不超过允许值，这种过载是允许的。但若过载电流大且过载时间长，电动机绕组温升就会超过允许值，这将会加剧绕组绝缘的老化，缩短电动机的使用年限，严重时会使电动机绕组烧毁，这种过载是电动机不能承受的。

1. 结构

热继电器主要由热元件、双金属片和触点三部分组成，其外形、结构及图形符号如图

5-23 所示。

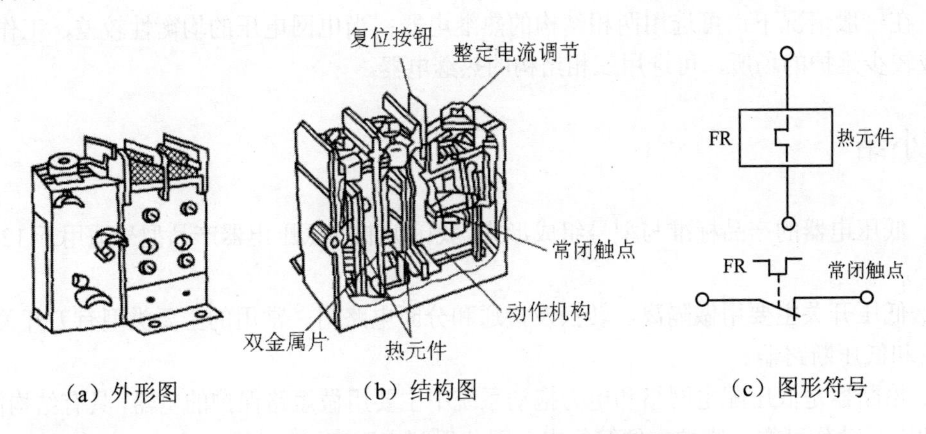

图 5-23 热继电器外形、结构及图形符号

2. 工作原理

热继电器的工作原理示意图如图 5-24 所示，图中热元件是一段电阻不大的电阻丝，接在电动机的主电路中。双金属片是由两种受热后由不同热膨胀系数的金属辗压而成，其中下层金属的热膨胀系数大，上层的小。当电动机过载时，流过热元件的电流增大，热元件产生的热量使双金属片中的下层金属的膨胀变长，速度大于上层金属的膨胀速度，从而使双金属片向上弯曲。经过一定时间后，弯曲位移增大，使双金属片与扣板分离脱扣。扣板在弹簧的拉力作用下，将常闭触点断开。常闭触点是串接在电动机的控制电路中的，控制电路断开使接触器的线圈断电，从而断开电动机的主电路。若要使热继电器复位，则按下复位按钮即可。热继电器就是利用电流的热效应原理，在发现电动机不能承受的过载时切断电动机电路，是为电动机提供过载保护的保护电器。

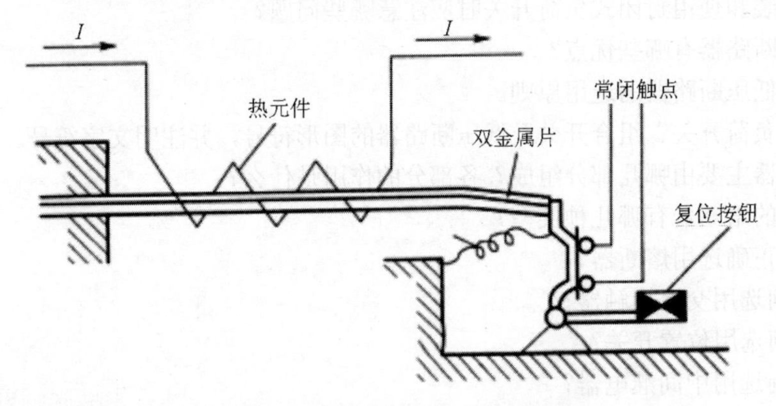

图 5-24 热继电器的工作原理示意图

由于热惯性，当电路短路时，热继电器不能立即使电路断开。因此，在控制系统主电路中，热继电器只能用做电动机的过载保护，而不能起到短路保护的作用。因此，在电动机启动或短时过载时，热继电器也不会动作，这可避免电动机不必要的停止。

热继电器型号的选用应根据电动机的接法和工作环境决定。当定子绕组采用星形接法时，选择通用的热继电器即可；如果绕组为三角形接法，则应选用带断相保护装置的热继电器。在一般情况下，可选用两相结构的热继电器；当电网电压的均衡性较差，工作环境恶劣或较少维护的场所，可选用三相结构的热继电器。

本章小结

1. 低压电器的产品标准与型号组成形式。我国编制的低压电器产品型号适用于 12 大类产品。

2. 低压开关主要用做隔离、转换及接通和分断电路用。常用的主要类型有刀开关、组合开关和低压断路器。

3. 熔断器是低压配电网络和电力拖动系统中主要用做短路保护的电器，具有结构简单、价格便宜、动作可靠、维护方便等优点，因此得到广泛应用。

4. 接触器是一种自动的电磁式开关，可以实现远距离自动操作和欠电压保护功能，具有控制容量大、工作可靠、操作频率高、使用寿命长等优点，因而在电力拖动系统中得到广泛应用。

5. 继电器是一种根据输入信号的变化，接通或断开小电流电路，实现自动控制和保护电力拖动装置的电器。有触头分断能力小、结构简单、体积小、重量轻、反应灵敏、动作准确、工作可靠等优点。

练习题

1. 按动作方式不同、低压电器可分为哪几类？
2. 如何选用开启式负荷开关？
3. 在安装和使用封闭式负荷开关时应注意哪些问题？
4. 低压断路器有哪些优点？
5. 简述低压断路器的选用原则。
6. 画出负荷开关、组合开关及低压断路器的图形符号，并注明文字符号。
7. 熔断器主要由哪几部分组成？各部分的作用是什么？
8. 常用的熔断器有哪几种类型？
9. 如何正确选用熔断器？
10. 如何选用交流接触器？
11. 如何选用位置开关？
12. 如何选用中间继电器？
13. 简述热继电器的主要结构及选用方法。
14. 画出电器元器件的图形符号，标出对应的文字符号。

（1） 按钮；（2）行程开关；（3）交流接触器；（4）接近开关；（5）中间继电器。

第6章　继电器—接触器控制系统

各种生产机械大多由交、直流电动机来驱动，其中以三相鼠笼式异步电动机最为广泛。随着自动化技术的日益进步和完善，继电器—接触器控制系统已经能够迅速、准确、有效地对生产机械实行自动控制。由于各类生产机械的工艺要求不同，它们对驱动电动机的要求也就不同，因此需要各种各样的控制电路。不管这些电路如何复杂，但它们都是由一些基本的控制电路组成的。只要熟练掌握这些基本的控制电路，就可以为将来阅读、分析及设计各种复杂的电路打下坚实的基础。

继电器—接触器控制系统的基本环节包括电机（电动机和发电机）的启动、调速和制动等控制线路。本章主要介绍这些基本控制线路的组成、工作原理和作用，以及必要的保护措施，最后介绍机床的控制线路。

6.1　控制系统电路图概述

为了表达设备电气控制系统的组成结构、工作原理及安装、调试、维修等技术要求，需要用统一的工程语言（即工程图）来表达，这种工程图即是电路图。

常用的电气工程图有3种：电路图（电气系统图、原理图）、接线图和元件布置图。电气工程图根据国家电气制图标准，用规定的图形符号、文字符号，以及规定的画法绘制。

6.1.1　图形符号和文字符号

为了便于交流与沟通，我国参照国际电工委员会（IEC）颁布的有关文件，制定了电气设备有关国家标准，颁布了GB 4728—1984《电气图用图形符号》、GB 5465一1985《电气设备用图形符号、绘制原则》、GB 6988—1986《电气制图》、GB 5094—1985《电气技术中的项目代号》和GB 715p1987《电气技术中的文字符号制订通则》，规定从1990年1月1日起，电气图中的图形符号和文字符号必须符合最新的国家标准。

1.　图形符号

由符号要素、限定符号、一般符号以及常用的非电操作控制的动作符号（如机械控制符号等）根据不同的具体器件情况组合构成，表6-1所示为常用电气控制的图形符号。

2.　文字符号

基本文字符号、单字母符号和双字母符号表示电气设备、装置和元器件的大类，如K为继电器类元件；双字母符号由一个表示大类的单字母与另一表示器件某些特性的字母组成，例如表示继电器类元件中的KA为中间继电器（或电流继电器），KM表示继电器类元件中控制电动机的接触器。

表 6-1　常用电气控制的图形符号

名　称		图形符号	名　称		图形符号	名　称		图形符号
三相鼠笼式异步电动机		M 3~	熔断器			行程开关	动合触点	
刀开关			热继电器	发热元件			动断触点	
断路器				动断触点		时间继电器	线圈	
按钮	动合		交流接触器	线圈			瞬时动作动合触点	
				动合主触点			瞬时动作动断触点	
	动断						延时闭合动合触点	
				动合辅助触点			延时闭合动断触点	
	复合			动断辅助触点			延时断开动合触点	
							延时断开动断触点	

3. 辅助文字符号

辅助文字符号用来进一步表示电气设备、装置和元器件功能、状态及特征。

6.1.2　电路图

电路图用于表达电路、设备、电气控制系统组成部分和连接关系。通过电路图，可详细地了解电路、设备、电气控制系统的组成及工作原理，并可在安装、测试和故障查找时提供足够的信息，同时电路图也是编制接线图的重要依据，电路图习惯上也称为电气原理图。一般工厂设备的电路图绘制规则可简述如下。

1. 电路绘制

电路的绘制一般包括主电路的绘制和控制电路的绘制。主电路是用电设备的驱动电路，在控制电路的控制下，根据控制要求由电源向用电设备供电。控制电路由接触器和继电器线圈、各种电器的动合、动断触点组合构成控制逻辑，实现所需要的控制功能。主电路、控制电路和其他的辅助电路、保护电路一起构成电气控制系统。

电路图中的电路可水平布置，也可垂直布置。水平布置时，电源线垂直画，其他电路水平画，控制电路中的耗能元件画在电路的最右端。垂直布置时，电源线水平画，其他电路垂直画，控制电路中的耗能元件画在电路的最下端。

2. 元器件绘制

电路图中所有电器元器件一般不画出实际的外形图，而采用国家标准规定的图形符号和文字符号表示，同一电器的各个部件可根据需要画在不同的地方，但必须用相同的文字符号标注。电路图中所有电器元器件的可动部分通常表示电器非激励或不工作的状态和位置，常见的元器件状态有：

（1） 继电器和接触器的线圈处在非激励状态。

（2） 断路器和隔离开关在断开位置。

（3） 零位操作的手动控制开关在零位状态，不带零位的手动控制开关在图中规定位置。

（4） 机械操作开关和按钮开关在非工作状态或不受力状态。

（5） 保护类元器件处在设备正常工作状态，特别情况在图上说明。

3. 图区和触点位置索引

工程图样通常采用分区的方式建立坐标，以便于阅读查找。电路图常采用在图的下方沿横坐标方向划分的方式，并用数字标明图区，如图 6-1 所示。同时在图的上方沿横坐标方向划区，分别标明该区电路的功能。

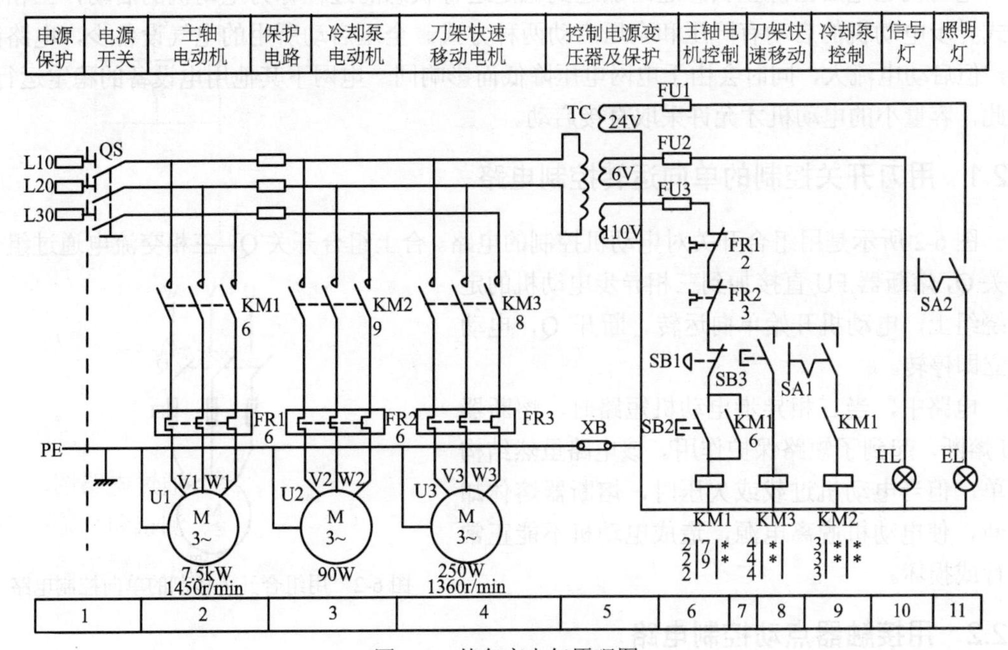

图 6-1 某车床电气原理图

4. 电路图中技术数据的标注

电路图中元器件的数据和型号（如热继电器动作电流和整定值的标注、导线截面积等）可用小号字体标注在电器代号的下面。

6.1.3 电器元器件布置图

电器元器件布置图主要是表明机械设备上所有电气设备和电器元器件的实际位置，是电气控制设备制造、安装和维修必不可少的技术文件。

6.1.4 接线图

接线图主要用于安装接线、线路检查、线路维修和故障处理。它表示了设备电控系统各单元和各元器件间的接线关系，并标注出所需数据，如接线端子号、连接导线参数等。

实际应用中通常与电路图和位置图一起使用。

三相鼠笼式异步电动机由于具有结构简单、价格便宜、坚固耐用等优点而获得广泛的应用。在生产实际中，它的应用占到了使用电动机的 80%以上。三相鼠笼式异步电动机的控制线路大都由继电器、接触器和按钮开关等有触点的电器部件组成，常见的基本控制电路有启动控制、点动控制、正转控制、正反转控制、调速控制、制动控制、位置（行程）控制、多地控制、顺序控制和时间控制等。这些基本的控制电路的结构和工作原理将在下面各节中分别介绍。

6.2 电动机直接启动控制电路

电动机通电后由静止状态逐渐加速到稳定运行状态的过程称为电动机的启动，三相鼠笼式异步电动机的启动有降压和全压启动两种方式。全压启动所用的电气设备少，电路简单，但启动电流大，同时会由于电网电压降低而影响同一电网下其他用电设备的稳定运行。因此，容量小的电动机才允许采取直接启动。

6.2.1 用刀开关控制的单向运转控制电路

图 6-2 所示是用组合开关对电动机控制的电路。合上组合开关 Q，三相交流电通过组合开关 Q，熔断器 FU 直接加到三相异步电动机的定子绕组上，电动机开始单向运转。断开 Q，电动机立即停转。

电路中，当三相异步电动机短路时，熔断器 FU 熔断，起到了短路保护作用。该电路虽然结构简单，但当电动机过载或欠压时，熔断器熔体却熔断，使电动机脱离电源，造成电动机不能正常运行或损坏。

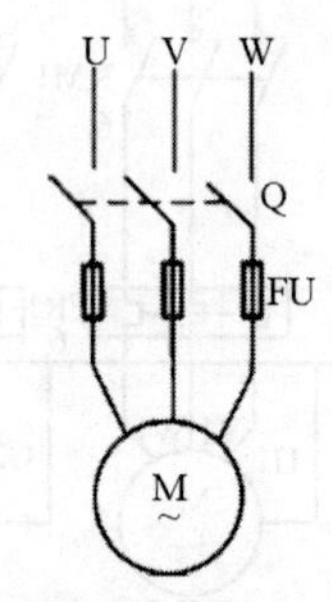

图 6-2 用组合开关控制的单向控制电路

6.2.2 用接触器点动控制电路

点动控制电路如图 6-3 所示。所谓点动控制就是按一下按钮，电动机就转动一下，一松开按钮，电动机就停转。这在机床需要试验各部件的动作情况，以及进行工件和刀具间的调整时经常用到。

该电路可分为主电路和控制电路两部分。主电路从电源 U、V、W、开关 QF、熔断器 FU、接触器触头 KM 到电动机 M。控制电路由按钮 SB 和接触器线圈 KM 组成。

当合上电源开关 QF 时，电动机不启动运转，因为这时接触器线圈 KM 未通电，它的主触头处于断开状态，电动机 M 的定子绕组上没有电压。要使电动机 M 转动，只要按下按钮 SB，使线圈 KM 通电，主电路中的主触头 KM 闭合，电动机 M 即可启动。当松开按钮 SB 时，线圈 KM 即断电，而使主触头断开，切断电动机 M 的电源，电动机即停转。

利用接触器来控制电动机与前述用开关控制电动机相比，其优点是操作方便，操纵小电流的控制电路就可代替控制大电流的主电路，能实现远距离控制和自动化控制。

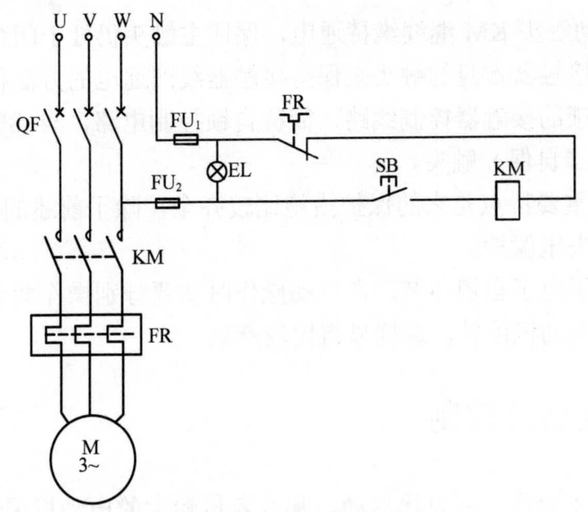

图 6-3　点动控制电路

6.2.3　具有自锁的正转控制电路

如果要使点动控制线路中的电动机长期运行，启动按钮 SB 就必须始终用手按住，显然这是不方便的。为了实现电动机连续运转，需要采用具有接触器自锁的控制线路，如图 6-4 所示。该电路与点控电路不同之处在于控制电路中除了增加停止按钮 SB_2 外，还在启动按钮 SB_2 的两端并联一对接触器 KM 的常开触头；同时，由于电动机是连续运转，因此在电路中还增加了热继电器 FR，作为对电动机的过载保护。

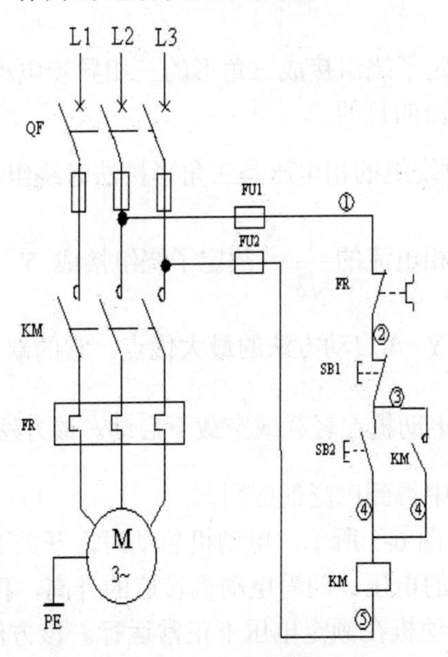

图 6-4　自锁控制电路

该线路的工作过程如下。当按下启动按钮 SB_2 时，线圈 KM 通电，主触头闭合，电动机启动运转。当松开 SB_2 按钮时，电动机不会停转，因为接触器线圈 KM 可以通过并联在

SB_2两端已闭合的辅助触头 KM 继续维持通电，保证主触头仍处于闭合状态，电动机 M 就能继续运转。这种靠接触器本身的触头来保持接触器线圈通电的方法称为自锁（或自保），这种线路称为具有自锁的接触器控制线路，简称自锁控制电路，与 SB_2 并联的这对常开辅助触头 KM 叫做自锁（自保）触头。

该线路的另一个重要特点是它的保护措施比较齐全，除了前述的过载保护外，还具有短路保护、欠电压和失压保护。

在该电路中，由于有了自锁环节，在点动操作时就要分别操作两个按钮。按动 SB_2 电动机转动，按动 SB_1 电动机停转，这样显得比较麻烦。

6.3 电动机降压启动控制

容量小的电动机才允许采取直接启动，那么容量较大的电动机采取什么样的启动方式呢？容量较大的鼠笼式异步电动机（一般大于 4 kW）因启动电流较大，直接启动电流为其标称额定电流的 4～8 倍。所以一般都采用降压启动方式来启动。启动时降低加在电动机定子绕组上的电压，启动后再将电压恢复到额定值，使之在正常电压下运行。由于电枢电流和电压成正比，所以降低电压可以减小启动电流，不至于在启动瞬间由于启动电流过大电路中产生过大的电压降，减小对线路电压的影响。

降压启动的方法有定子电路串电阻（或电抗）、星形/三角形、自耦变压器和使用软启动器等。

6.3.1 Y-Δ 降压启动

电动机正常运行时，其定子绕组接成三角形的三相异步电动机均可采用 Y-Δ 降压启动的方法，以达到限制启动电流的目的。

由于定子绕组接成 Y 时绕组的相电压是三角形接法时绕组相电压的$\frac{1}{\sqrt{3}}$，所以 Y 接法时的相电流也是Δ接法时的相电流的$\frac{1}{\sqrt{3}}$，故定子绕组接成 Y 时的启动电流（线电流）是接成三角形时的$\frac{1}{3}$，这就是 Y-Δ 启动方法的最大优点。它的缺点是启动转矩减小到直接启动时的$\frac{1}{3}$，因此它只适用于电动机在轻载或空载下启动。该方法简便经济，目前在 4 kW 以上的三相鼠笼式异步电动机中得到广泛的应用。

Y-Δ 降压启动原理，如图 6-5 所示。电动机启动时，开关 S_2 在启动位置，将定子绕组接成 Y，以降低各相绕组上的电压。随着电动机转速的升高，再将开关 S_2 扳到运行位置，使绕组接成三角形，此时电动机在额定电压下正常运行。该方法虽然操作简单，但整个过程要靠手动，因此使用较少。

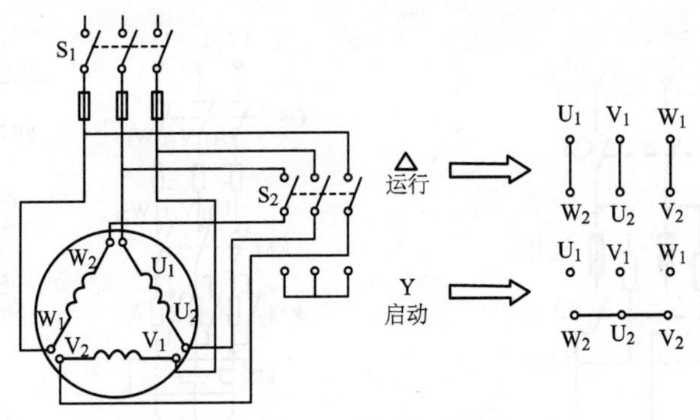

图 6-5　Y-Δ 降压启动原理

目前常用接触器、时间继电器及按钮等组成 Y-Δ 启动自动控制，图 6-6 所示是 QX3—13 型 Y-Δ 自动启动器的结构图和控制线路图。

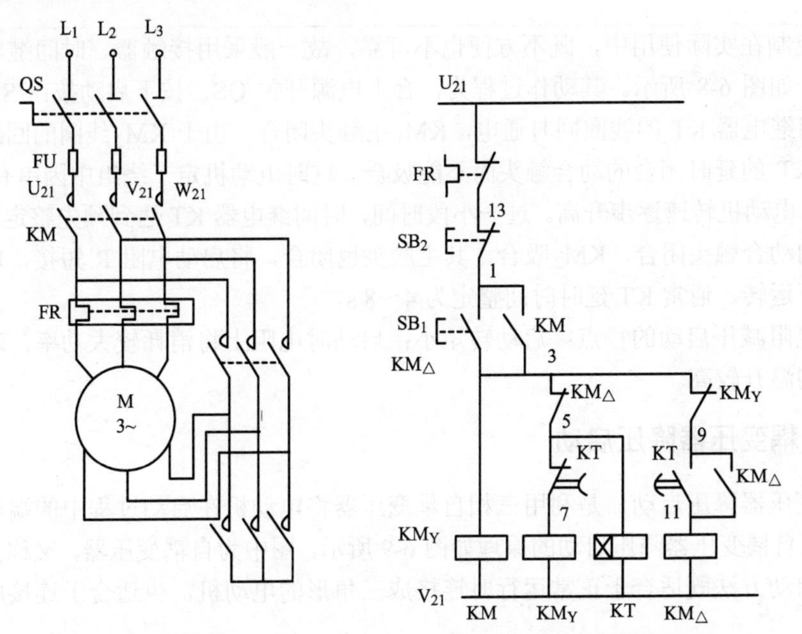

图 6-6　QX3—13 型 Y-Δ 自动启动器的结构图和控制线路图

由结构图可知，该启动器是由三个交流接触器、时间继电器、热继电器等组成的。使用时只需按控制线路图再选配适当的电源开关 QS 及熔断器等，即可直接使用。

6.3.2　定子绕组串接电阻的减压启动

串接电阻的减压启动有手动和自动两种，如图 6-7 和图 6-8 所示。在图 6-7 电路中，由于电路中串联了电阻，起到了减压限流的作用，合上电源开关 QS，主电路通过 R 的启动电动机，电路中电流较小，当电动机的转速逐步升高至接近额定转速时，立即合上 SA，将电阻 *R* 短接，定子绕组上的电压便升至额定工作电压，电动机处于正常运转状态。串接电阻的大小，一般使启动电流限制在 2～3 倍的电动机额定电流较为合适。

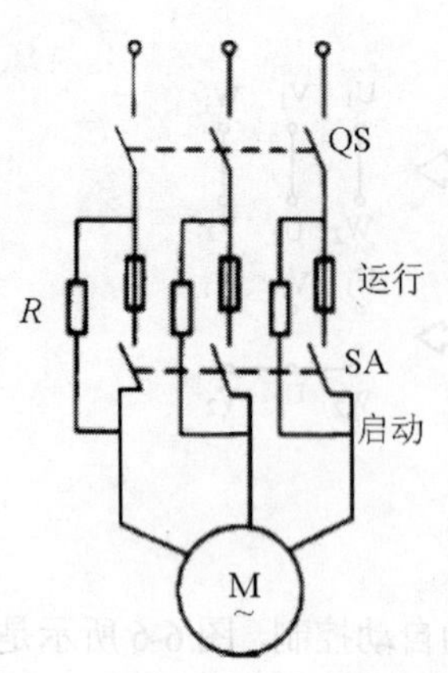

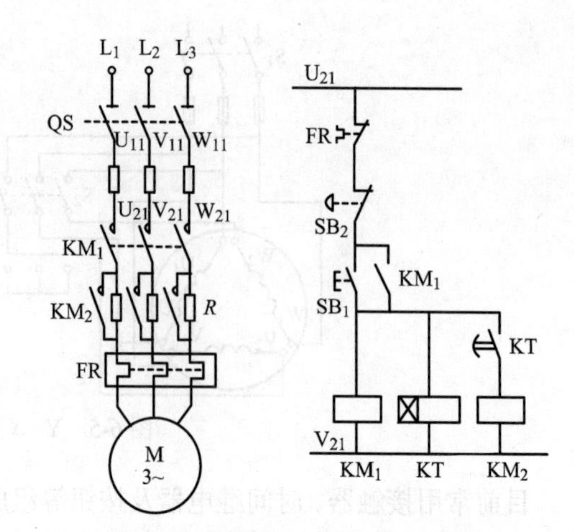

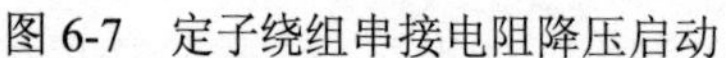
图 6-7　定子绕组串接电阻降压启动　　　　图 6-8　采用时间继电器降压启动

手动控制在实际使用中，既不方便也不可靠，故一般采用接触器、时间继电器来实现自动控制，如图 6-8 所示。其动作过程为，合上电源开关 QS，按下启动按钮 SB_1，接触器 KM_1 与时间继电器 KT 的线圈同时通电，KM_1 主触头闭合，由于 KM_2 线圈的回路，串有时间继电器 KT 的延时闭合的动合触头而不能吸合，这时电动机定子绕组中因串有电阻 R 而减压启动，电动机转速逐步升高。过一小段时间，时间继电器 KT 达到预先整定的时间，其延时闭合的动合触头闭合，KM_2 吸合，其主触头也闭合，将启动电阻 R 短接，电动机便在额定电压下运转。通常 KT 延时时间整定为 4～8 s。

串接电阻减压启动的特点：启动转矩小；启动时电阻上将消耗较大功率，若启动频繁则电阻上的温升较高。

6.3.3　自耦变压器降压启动

自耦变压器降压启动，是利用三相自耦变压器将电动机在启动过程中的端电压降低的启动方法，自耦变压器降压启动的原理如图 6-9 所示，图中为自耦变压器，又称为启动补偿器。这种启动方法既适合于正常运行时连接成三角形的电动机，也适合于连接成星形的电动机。

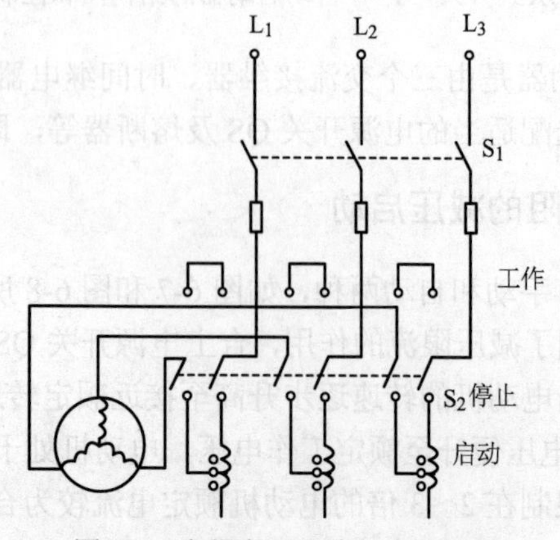

图 6-9　自耦变压器降压启动原理

启动时，先合上电源开关 S_1，然后将开关 S_2 合到“启动”位置，这时电源电压加到自耦变压器的高压绕组上，定子绕组接到自耦变压器的低压绕组上，使它的电压低于额定电压，电动机开始启动。当电动机的转速上升到正常速度时，将 S_2 合到“工作”位置，切除自耦变压器，电动机改接至电源，在额定电压下开始稳定运行。自耦变压器启动与直接启动相比，启动电流减少到直接启动时的 n 倍（n 为自耦变压器的变比），启动转矩减少到 $1/n^2$。

6.4 电动机正反转控制电路

生产机械往往需要做上下、左右、前后等相反方向的运动，如车床工作台的前进和后退、主轴的正转和反转，起重机的上升与下降等，这就要求电动机能正反双向旋转。对于三相异步电动机，只要改变电动机电源的相序，即可改变电动机的旋转方向。因此只要控制电动机的电源相序，就可使电动机实现正反转。以下介绍几种常见的正反转控制电路。

6.4.1 无联锁的正、反转控制电路

无联锁的正、反转控制线路如图 6-10 所示，其工作过程如下：

（1） 正向启动过程。按下启动按钮 SB_1，接触器 KM_1 线圈通电，与 SB_1 并联的 KM_1 的辅助常开触头闭合，以保证 KM_1 线圈持续通电，串联在电动机回路中的 KM_1 的主触头持续闭合，电动机连续正向运转。

（2） 停止过程。按下停止按钮 SB_3，接触器 KM_1 线圈断电，与 SB_1 并联的 KM_1 的辅助触头断开，以保证 KM_1 线圈持续断电，串联在电动机回路中的 KM_1 的主触头持续断开，切断电动机定子电源，电动机停转。

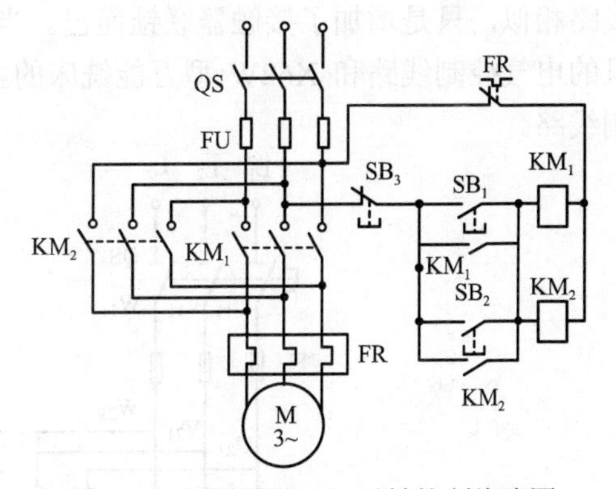

图 6-10 无联锁的正、反转控制线路图

（3） 反向启动过程。按下启动按钮 SB_2，接触器 KM_2 线圈通电，与 SB_2 并联的 KM_2 的辅助常开触头闭合，以保证 KM_2 线圈持续通电，串联在电动机回路中的 KM_2 的主触头持续闭合，电动机连续反向运转。

需要注意的是，在该控制方式下，KM_1 和 KM_2 线圈不能同时通电，因此不能同时按下 SB_1 和 SB_2，也不能在电动机正转时按下反转启动按钮，或在电动机反转时按下正转启动按钮。如果操作错误，将引起主回路电源短路。为了解决该控制线路的缺点，在该电路的基础上做一个改进，实现电气联锁控制。

6.4.2 按钮联锁的正反转控制电路

图 6-11 为按钮联锁的电动机正反转控制线路图。它与图 6-10 不同的是启动按钮换为复合按钮重复该线路的动作，过程基本上与图 6-10 的相似。它的优点是当需要改变电动机的转向时，只要直接按反转按钮就行了，不必先按停止按钮。虽然该线路操作方便，但容易发生故障，因此单独采用这种线路还不太安全可靠。现在电力拖动中常用的是把前两种线路组合起来，形成具有双重联锁的正反转控制线路。

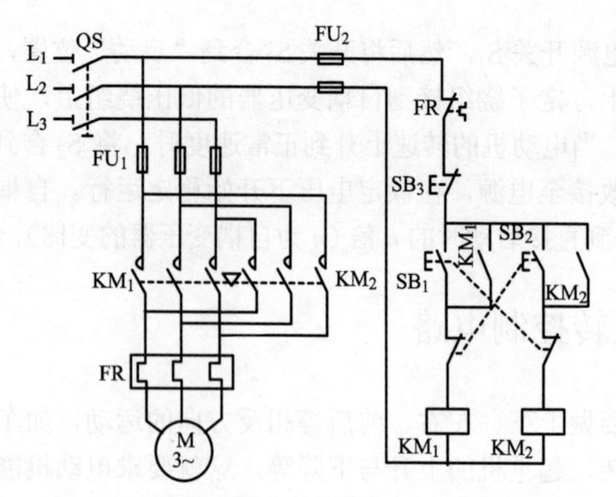

图 6-11　按钮联锁的电动机正反转控制线路图

6.4.3　按钮、接触器双重联锁的正反转控制电路

该线路如图 6-12 所示。这种线路集中了按钮联锁线路的操作方便与接触器联锁线路的安全可靠的优点，故在目前电力拖动控制设备中常用。其动作原理与按钮联锁正反转控制线路相似，只是增加了接触器联锁而已。当前工厂中常用的 Z35 型摇臂钻床主柱松紧电动机的电气控制线路和 X62W 型万能铣床的主轴反接制动控制线路均采用这种双重联锁的控制线路。

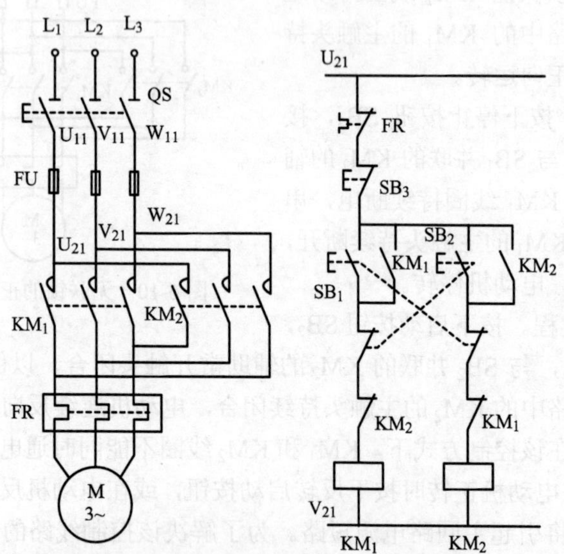

图 6-12　双重联锁的正反转控制线路图

6.5　电动机制动和调速控制电路

6.5.1　制动控制回路

三相异步电动机从切断电源到完全停止旋转，由于机械惯性的存在总要经过一段时间

才能实现。这样往往不能满足某些生产机械的要求，如吊车在吊装货物时需要正确定位、铣床主轴快速停车、提高生产效率等都要求电动机在切断电源后能快速、准确地停车，所以常常采用一些使电动机切断电源后迅速停车的措施，这称为制动。

制动的方法有机械制动和电气制动两类。

1. 机械制动

机械制动是利用机械装置使电动机在切断电源后迅速停转。机械制动常用的方法有电磁抱闸和电磁离合器制动。

（1） 电磁抱闸。

它的结构主要由制动电磁铁和闸瓦制动器两部分组成，如图 6-13 所示。制动电磁铁有单相和三相之分，闸瓦制动器包括杠杆、闸瓦、闸轮、弹簧等。闸轮与电动机装在同一根转轴上。

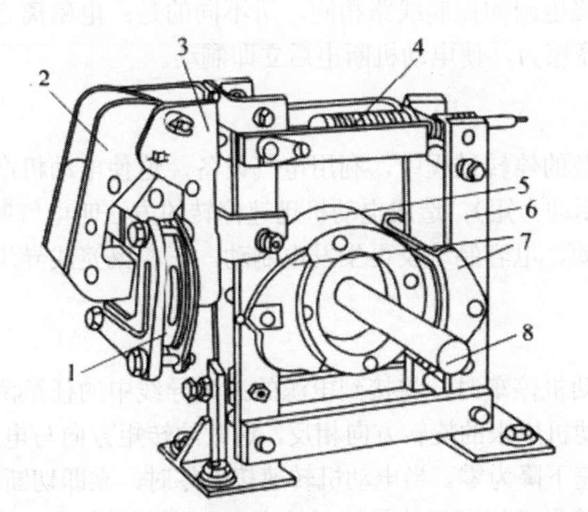

1—线圈；2—铁芯；3、4—弹簧；5—闸轮；6—杠杆；7—闸瓦；8—轴

图 6-13 电磁抱闸

电磁抱闸的工作原理见图 6-14。

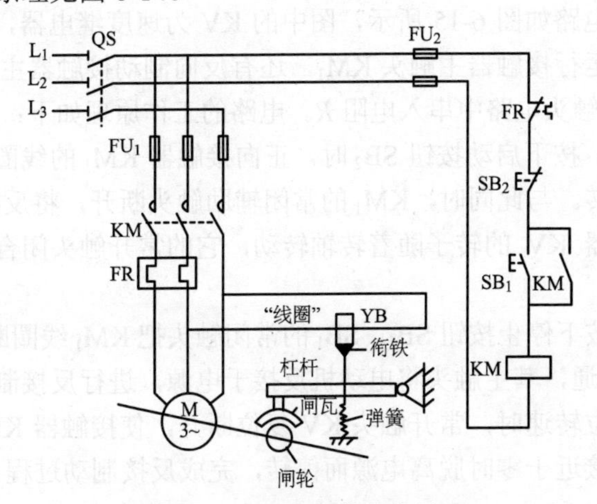

图 6-14 电磁抱闸的工作原理

启动运转：按下启动按钮 SB_1，接触器 KM 线圈通电，其自锁触头和主触头闭合，电动机 M 接通电源，同时电磁抱闸线圈 YB 通电，衔铁吸合，从而使制动器的闸瓦与闸轮分开，电动机正常运转。

制动停转：按下 SB_2，接触器 KM 线圈失电，KM 自锁及主触头分断，电动机失电，同时电磁抱闸线圈 YB 失电，衔铁与铁芯分断。在弹簧力的作用下，闸瓦紧紧抱住闸轮，电动机制动而停转。

电磁抱闸制动装置在起重机械中被广泛应用，这种制动方法不但可以准确定位，而且可以避免由于电气线路突然断电时重物掉下而发生事故。

由于电磁铁线圈和电动机由同一电源同时供电，因此只要电动机不通电，电磁铁线圈也不会通电，闸瓦总是抱住闸轮，电动机总是被制动的。

（2） 电磁离合器制动。

电磁离合器与电磁抱闸的控制线路相同，所不同的是：电磁离合器是利用动、静摩擦片之间产生足够大的摩擦力，使电动机断电后立即制动。

2. 电气制动

电动机在切断电源的停转过程中，利用电气设备，迫使电动机产生一个与实际旋转方向相反的电磁力矩（制动力矩），造成电动机迅速停转的方法叫电气制动。电气制动的方法有反接制动、能耗制动、电容制动及再生发电制动。三相鼠笼式异步电动机多采用反接制动和能耗制动两种。

（1） 反接制动。

反接制动是在电动机停车时，将接到电源的三根导线中的任意两根的一端对调位置，使旋转磁场方向与电动机原来的旋转方向相反，这时的转矩方向与电动机的转动方向相反，则电动机转子转速迅速下降为零。当电动机转速接近零时，立即切断电源以免电动机反转。这种制动比较简单，效果较好，但能量消耗较大，一些中型车床和铣床主轴的制动采用这种方法。

由于在反接制动时旋转磁场与转子的相对转速很大，故定子电流较大。为了限制电流，对功率较大的电动机进行制动时，必须在定子电路中串入电阻或电抗器。

反接制动的控制电路如图 6-15 所示，图中的 KV 为速度继电器，R 为反接制动电阻。主电路中不但有正向运行接触器主触头 KM_1，还有反向制动接触器主触头 KM_2。为了减小制动电流，在 KM_2 主触头电路中串入电阻 R。电路的工作原理如下：

当合上刀开关 Q，按下启动按钮 SB_2 时，正向接触器 KM_1 的线圈通电，主触头闭合并自锁，电动机开始旋转。与此同时，KM_1 的常闭辅助触头断开，将反接制动接触器 KM_2 的线圈断路，速度继电器 KV 的转子随着转轴转动，它的常开触头闭合，为反接制动做好准备。

当需要停止时，按下停止按钮 SB_1，SB_1 的常闭触头把 KM_1 线圈断电，SB_1 的常开触头闭合，把 KM_2 线圈接通，其主触头将电动机反接于电源，进行反接制动。当转轴的转速下降到速度继电器的复位转速时，常开触头 KV 复位断开，使接触器 KM_2 断电释放。这样，电动机就在正向转速接近于零时脱离电源而停转，完成反接制动过程。

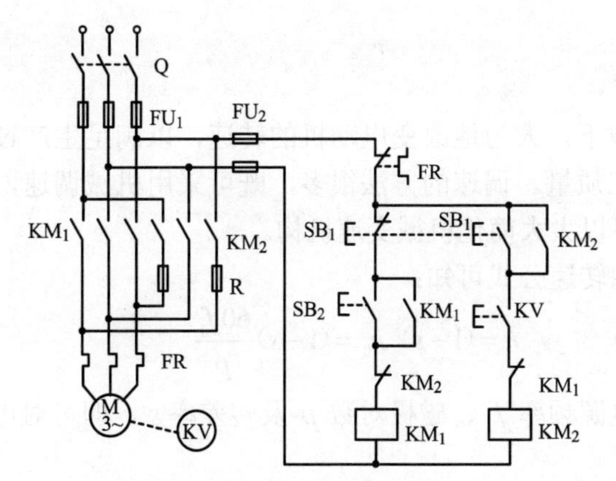

图 6-15　反接制动的控制电路图

KV 表示速度继电器，是一种按被控制对象的转速大小接通或分断控制电路的自动控制电器。这种制动比较简单，效果较好，但能量消耗较大。

（2） 能耗制动。

由于电动机的定子绕组接通直流电源后，直流电源产生的磁场是固定的，而转子由于惯性转动产生的感应电流与直流电磁场相互作用产生的转矩方向，恰好与电动机的转向相反，从而起到制动的作用，这种制动的方法叫做能耗制动。能耗制动所产生的制动转矩的大小与直流电流的大小有关，直流电流的大小一般为电动机额定电流的 0.5～1 倍。能耗制动控制的线路图如图 6-16 所示。

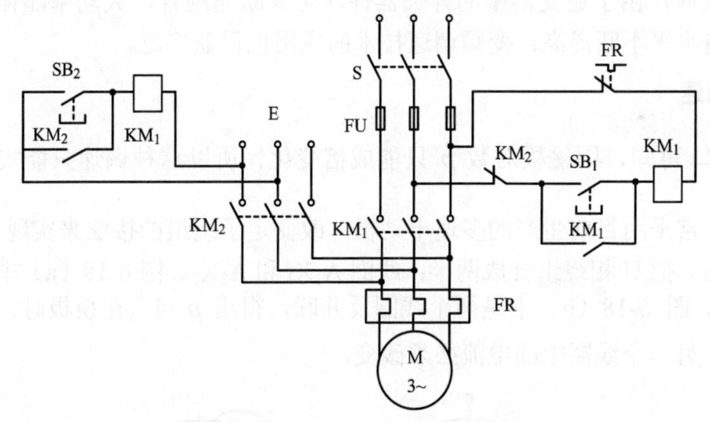

图 6-16　能耗制动控制的线路图

能耗制动的工作过程如下：

当电动机需要启动时，先合上刀开关 S，按下启动按钮 SB_1 时，正向接触器 KM_1 的线圈通电，主触头闭合并自锁，电动机开始旋转。

当需要停止时，按下停止按钮 SB_2，接通直流电源 E，KM_2 的线圈接通，KM_2 的常闭触头把 KM_1 线圈断电，KM_1 的主触头断开，KM_2 的主触头闭合，电机的定子绕组接入直流电源 E，从而产生一个与电动机转向相反的转矩，完成制动。

能耗制动的制动力较强、制动平稳、对电网影响小，广泛应用于要求平稳、正确停车的场合。

6.5.2 调速回路

调速是在同一负载下，人为地改变电动机的转速，以满足生产过程的需要，获得最高的生产效率和保证加工质量。调速的方法很多，既可采用机械调速，也可采用电气调速。当采用电气调速时，可以大大简化机械变速机构。

电动机调速时，由转速公式可知：

$$n=(1-s)\ n_0=(1-s)\frac{60f_1}{p}$$

可见，只要改变电源频率 f_1、磁极对数 p 及转差率 s，即可对电动机实现调速。

1. 变频调速

近年来变频调速技术发展很快，目前主要采用如图 6-17 所示的变频调速装置，它主要由整流器和逆变器组成。整流器先将频率 f=50 Hz 的三相交流电变换为直流电，再由逆变器变换为频率 f_1 可调、电压有效值 U_1 也可调的三相交流电供给三相鼠笼式异步电动机，使电动机的转速在很大范围可得到平滑的调节，实现无级调速，并具有硬的机械特性。

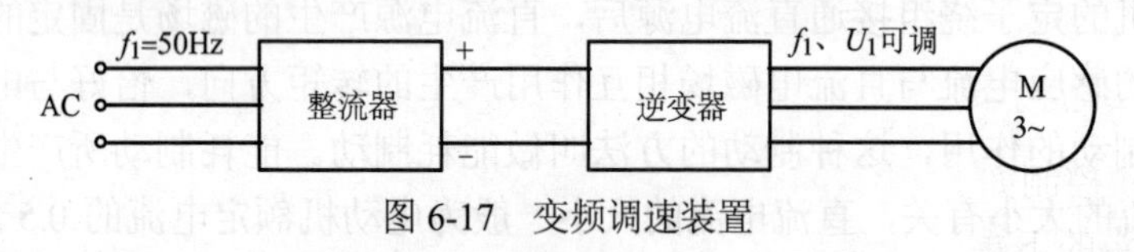

图 6-17 变频调速装置

目前，在国内，由于逆变器中的开关器件（可关断晶闸管、大功率晶体管和功率场效应管等）的制造水平不断提高，变频调速技术的应用也日益广泛。

2. 变极调速

由 $n_0=\dfrac{60f_1}{p}$ 可知，因磁极对数 p 只能成倍变化，所以这种调速只能实现有级调速。要改变极对数，常采用目前生产的多速电动机，改变定子绕组的接法来实现。如图 6-18 所示的是两种接法。把 U 相绕组分成两半：线圈 A_1X_1 和 A_2X_2。图 6-18（a）中是两个线圈串联，得出 p =2。图 6-18（b）中是两个线圈反并联，得出 p =1。在换极时，一个线圈中的电流方向不变，另一个线圈中的电流必须改变。

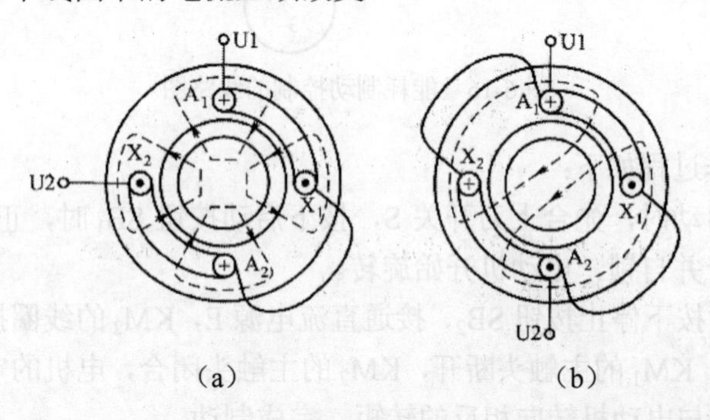

图 6-18 改变极对数的调速方法

这种调速虽不能平滑调速，但比较经济、简单。在机床中常用减速箱来扩大调速范围。

3. 变转差率调速

变转差率调速仅用于绕线式异步转子电动机中，在绕线转子电路中接入调速电阻，改变电阻的大小，即可实现无级调速。这种方法设备较大，调速平滑，但耗电量较大，常用于起重设备中。

6.6 三相异步电动机的顺序、多地和位置控制

6.6.1 顺序控制

某些生产机械需要多台电动机配合工作，而且要求按一定的顺序启动电动机，即某台电动机先工作，另一台后工作，其先后顺序不能对调。如磨床主轴中，油泵电动机必须先工作，待主轴润滑正常后，主轴电动机才能启动。又如某些机床在横梁放松、升降、夹紧等工序中需按一定顺序来完成。为满足这些要求，可以对几台电动机或几个动作之间的顺序关系进行控制，这称为次序控制或顺序控制。实现顺序控制的方法有两种：一种是主电路顺序控制，另一种是控制电路的顺序控制。

1. 主电路顺序控制

主电路顺序控制如图 6-19 所示，其特点是：控制电动机 M_2 的接触器 KM_2 的主触头串接在 KM_1 主触头的下端。只有 M_1 动作后 M_2 才能动作，实现顺序控制的目的。

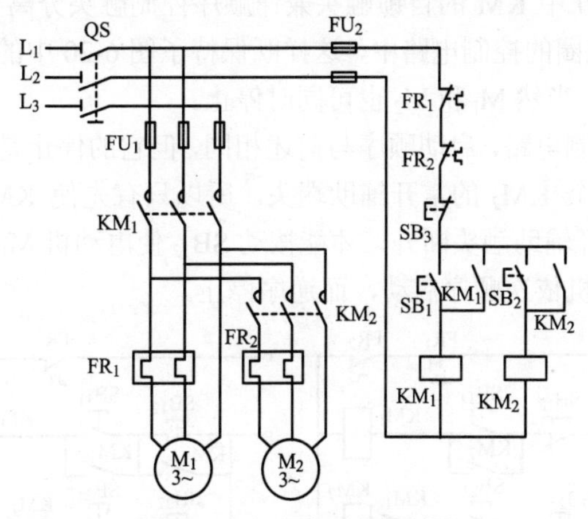

图 6-19 主电路顺序控制图

2. 控制电路的顺序控制

控制电路的顺序控制如图 6-20 所示，其特点是：电动机 M_2 的控制电路是与接触器 KM_1 的常开辅助触头串联。这就保证了只有当 M_1 启动后，M_2 才能启动。如果因某种原因（如过载或失压等）使 KM_1 失电，引起 M_1 停转，M_2 也就立即停转，实现了两台电动机的顺序和联锁控制。其工作过程如下。合上 QS 后，按下启动按钮 SB_1，KM_1 线圈得电，主触头 KM_1 闭合，电动机 M_1 启动运转。与此同时，常开辅助触头 KM_1 闭合形成自锁，同时给 KM_2 线圈通电创造条件。然后按下启动按钮 SB_2，接触器 KMz 线圈通电，主触头 KM_2 闭合，电

动机 M_2 启动运转。同时，常开辅助触头 KM_2 闭合自锁。

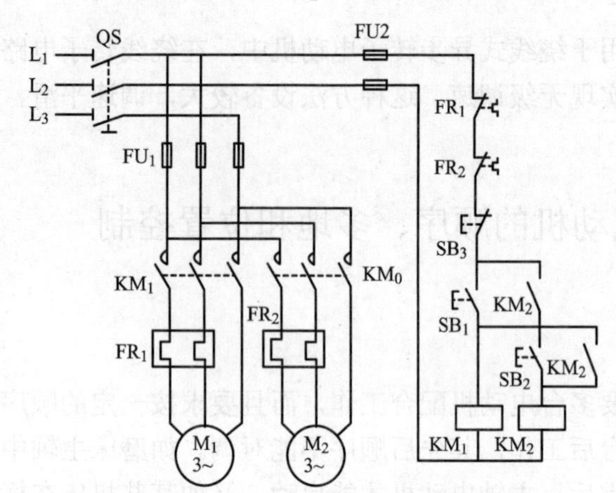

图 6-20 控制电路顺序控制图

要停车时，只需按下停车按钮 SB_3，两台电动机会同时停止。如果事先不按 SB_1，KM_1 线圈不通，常开辅助触头 KM_1 不闭合，这时即使按下 SB_2，线圈 KM_2 也不通电，所以电动机 M_2 不能先于 M_1 启动，也不能单独停车。

控制电路的顺序控制有多种形式，图 6-21 所示的两个控制电路，是常用的顺序控制电路，它们各有特点。

图（a）是将图 6-20 中 KM 的自锁触头兼作顺序控制触头分离开来，即将 KM_1 的另一常开触头串联在 KM_2 线圈的控制电路中，这样既保持了图 6-20 中的顺序控制作用，又可实现单独停止 M_2 的目的，当然 M_1 和 M_2 也可同时停止。

图（b）也是顺序控制电路，启动顺序与前述相同，但它的停止是有特点的。由于在 SB_{12} 停止按钮两端并联着一个 KM_2 的常开辅助端头，所以只有先使 KM_2 线圈失电，即电动机 M_2 停止，同时 KM_2 常开辅助触头断开，才能按动 SB_{12} 使电动机 M_1 停止。这个顺序控制电路的特点是：两台电动机依次顺序启动，而逆序停止。

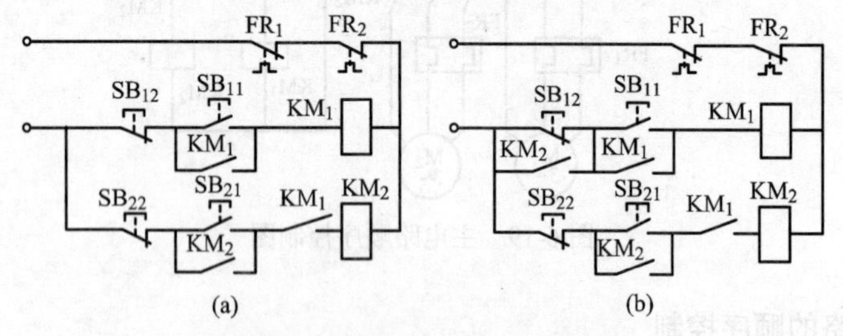

图 6-21 两种顺序控制线路图

6.6.2 多地控制

以上介绍的各种控制电路只能对电动机在一个地点用一套主令电器实行控制操作。一些大型机床或设备，为了操作方便，常常在两个地点或两个地点以上进行控制操作，即所谓多地控制。

现以两地控制为例说明。为达到两地同时能控制一台电动机的目的，必须在另一地点再装一组启动、停止按钮。这两组启、停按钮的接线原则是：启动按钮要互相并联，停止按钮要互相串联。这一原则，同样适用于多地控制。

图 6-22 所示为两地控制的控制线路图。其中 SB_{11} 和 SB_{12} 为甲地的启动和停止按钮，SB_{21} 和 SB_{22} 为乙地的启动和停止按钮。它们可以分别在两个不同地点上，控制接触器 KM 的接通和断开，进而实现两地控制同一电动机的目的。

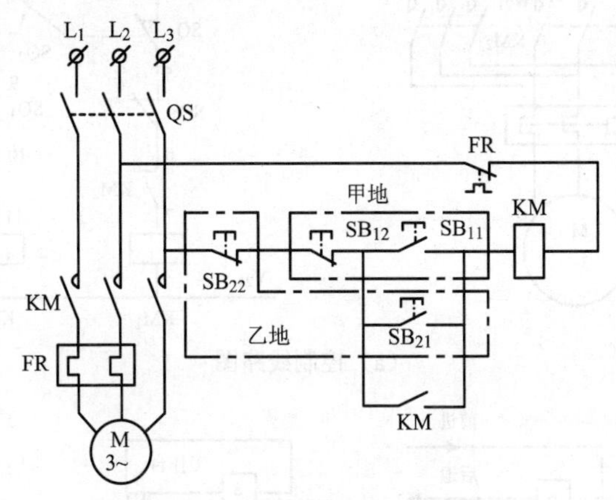

图 6-22　两地控制的控制线路图

6.6.3　位置控制

位置控制也称行程控制，是利用生产机械运动部件上的挡铁与位置开关碰撞，使其触头动作，来接通或断开电路，以达到控制生产机械运行部件的位置或行程的一种方法。如在铣床、磨床、龙门刨床等生产机械中都要求工作台在一定距离内能自动往返运动，不断进刀，以便对工件进行连续加工，这就必须对电动机、液压机械装置实行自动往复行程控制。

图 6-23（a）是位置控制的线路，图 6-23（b）为工作台自动往复运动机构的示意图。在机床床身上装有 SQ_1 和 SQ_2 行程开关，用来控制工作台的自动往复。SQ_3 和 SQ_4 用来作为终端保护，即限制工作台的极限位置。在工作台的梯形槽中装有挡块，当挡块碰撞行程开关后，能使工作台停止和换向，工作台就能实现往复运动。工作台的行程可通过移动挡块位置来调节，以适应加工零件的不同。

图 6-23（a）中，将行程开关 SQ_1 的常开触头与反转按钮 SB_3 并联，将行程开关 SQ_2 的常开触头与正转按钮 SB_2 并联。当电动机正转带动工作台向右运动到极限位置时，撞块碰撞行程开关 SQ_1，一方面使其常闭触头断开，使电动机先停转，另一方面也使其常开触头闭合，相当于自动按了反转按钮 SB_3，使电动机反转带动工作台向左运动。这时撞块离开行程开关 SQ_1，其触头自动复位。由于接触器 KM_2 自锁，故电动机继续带动工作台左移，当移动到左面极限位置时，撞块碰到行程开关 SQ_2，一方面使其常闭触头断开，使电动机先停转，另一方面其常开触头又闭合，相当于按下正转按钮 SB_2，使电动机正转，带动工作台右移。如此往复不已，直至按下停止按钮 SB_1 才会停止。

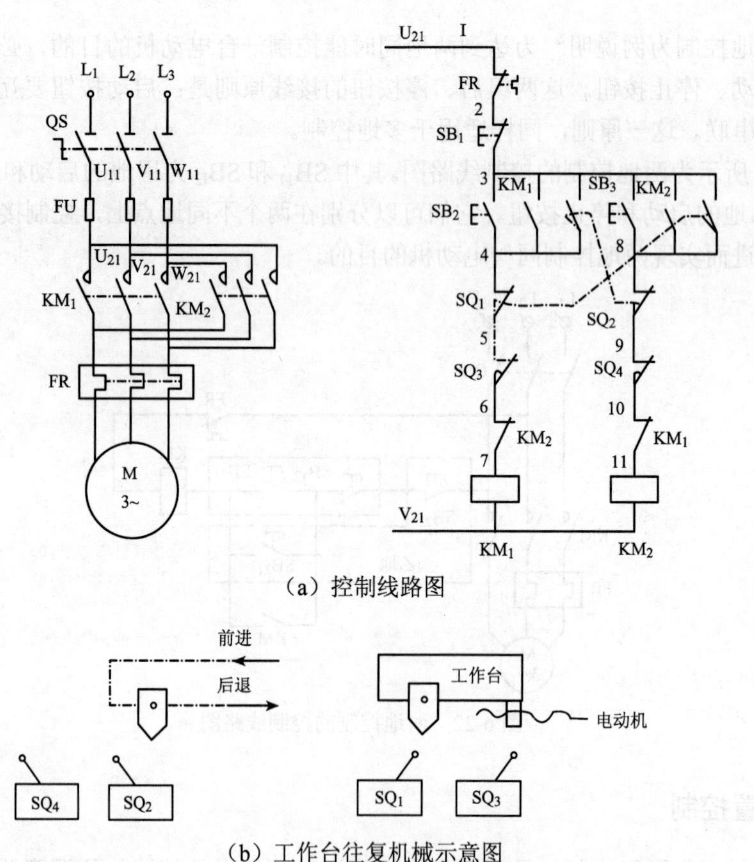

（a）控制线路图

（b）工作台往复机械示意图

图 6-23　工作台自动往复控制线路图

该控制线路与双重联锁正反转控制线路相似，只是在使用电器元件上有所区别。在整个控制线路中串接有 SQ_3 或 SQ_4 的常闭触头，相当于停止按钮的作用，即当工作台运行到正向或反向的极限位置时，撞块就碰撞 SQ_3 或 SQ_4，使工作台停止运行。

本章小结

将继电器、接触器、按钮等电器元件组合起来对电动机或某些工艺过程进行自动控制，称为继电器—接触器控制。接触器是用来控制电动机或其他用电设备主电路通断的电器；按钮和各种继电器则是控制接触器吸引线圈回路或其他控制回路通断的电器。

1. 电动机的控制电路有启动控制、点动控制、正反转控制、顺序控制、位置控制、两地控制和制动控制。
2. 三相异步电动机的启动有全压启动和减压启动。
3. 三相异步电动机正反转控制有倒顺开关、接触器联锁、按钮联锁和双重联锁控制线路。
4. 三相异步电动机的制动有机械制动和电气制动两种。
5. 三相异步电动机的顺序控制线路主要由主电路和控制电路顺序控制来实现。
6. 电动机的保护主要有过载保护、断路保护、失压和欠压保护。

练习题

1. 请叙述说明电气控制线路的装接原则和接线工艺要求。

2. 请叙述说明电动机点动控制、单向运行控制和正反转控制线路的工作原理。

3. 试画出能在两处用按钮启动和停止电动机的控制线路。

4. 什么是自锁？什么是互锁？

5. 画出点动正转自锁控制电路图。

6. 画出正、反转控制电路图。

7. 画出 Y-Δ降压启动电路图。

8. 什么叫电动机多地控制？线路的接线特点是什么？

9. 设计一个控制线路，要求第一台电动机启动 5 s 后第二台自行启动，第二台运行 5 s 后第一台停止，同时第三台启动运转，第三台运转 5s 后电动机全部停止。

10. 为两台电动机设计一个控制线路，其中一台为双速电动机控制要求如下。

（1） 两台电动机互不影响地独立操作。

（2） 能同时控制两台电动机的启动与停止。

（3） 双速电动机为低速启动高速运转。

（4） 当一台电动机过载，两台电动机均停止。

第7章 触电预防

安全用电是非常重要的事情，不注意，不但可能造成电气设备损坏、引起火灾或爆炸事故，甚至造成人身伤亡。安全用电涉及的内容和方面较多，本章仅就触电的有关知识及如何安全用电做简单介绍。

7.1 触电的有关知识

人体触及带电体，或人体接近带电体并在其间形成了电弧，都有电流流过人体而造成伤害，这就称为触电。按照对人体的伤害不同，触电可分为电击与电伤两种。电击是电流通过人体内部器官，对人体内部组织造成伤害，乃至死亡。电伤是电流的热效应、化学效应和机械效应对人体外部造成伤害，如电弧烧伤等。按照触及带电体的方式，触电情况主要有单相触电和两相触电。

7.1.1 单相触电

人体的一部分在接触一根带电相线的同时，另一部分又与大地（或中性线）接触，电流从相线流经人体到地（或中性线）形成回路，称为单相触电。此时人体所承受的电压为相电压（220 V），如图 7-1 所示。在触电事故中，大部分属于单相触电事故。

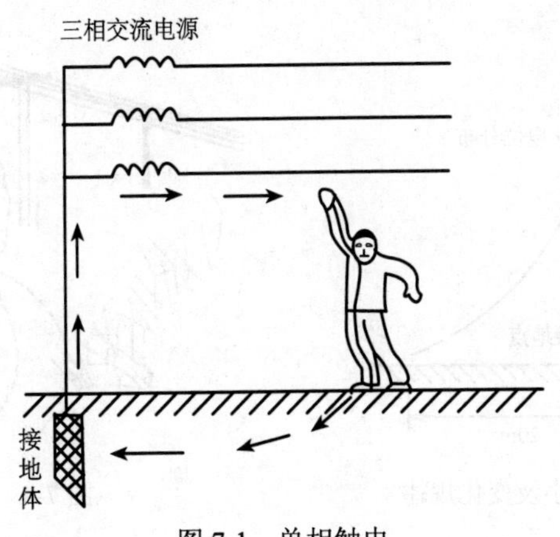

图 7-1 单相触电

7.1.2 两相触电

人体的不同部位同时接触电气设备的两相带电体而引起的触电事故，称为两相触电。此时人体所承受的电压为线电压（380 V），如图 7-2 所示。这种情况下，不管电网中性点是否接地，人体都将受到线电压的作用，触电的危险性比单相触电时要大。

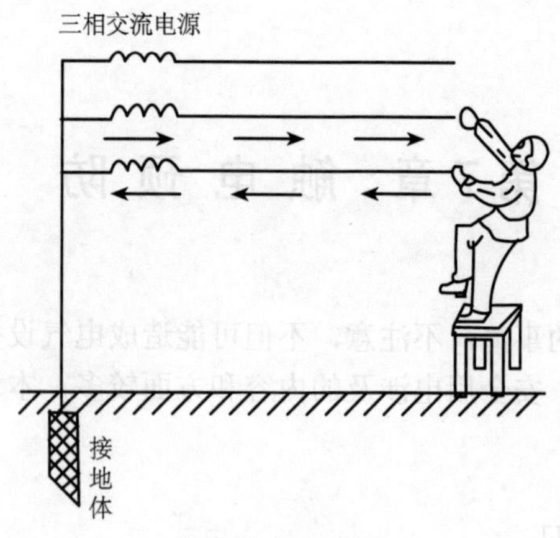

图 7-2　两相触电

7.1.3　跨步电压触电

雷电流入地、载流电力线（特别是高压线）断落在地上，以及电气设备故障接地时，会在接地点周围形成强电场，其电位分布以接地点为中心向周围扩散，电位值逐步降低，在不同位置间形成电位差（电压），图 7-3 所示就表示了跨步电压 U 的变化规律。当人畜跨进这个区域时，分开的两脚间所承受的电压，称为跨步电压。在跨步电压作用下，电流从人、畜的一只脚流进，从另一只脚流出，造成触电，这就是跨步电压触电，如图 7-4 所示。若人体双脚跨步以 0.8m 计，则在 10kV 高压线地点 20 m 以外，380 V 火线接地点 5 m 以外才是安全的。如误入危险区域，应尽快将双脚并拢或单脚跳离危险区，以免发生触电伤害。

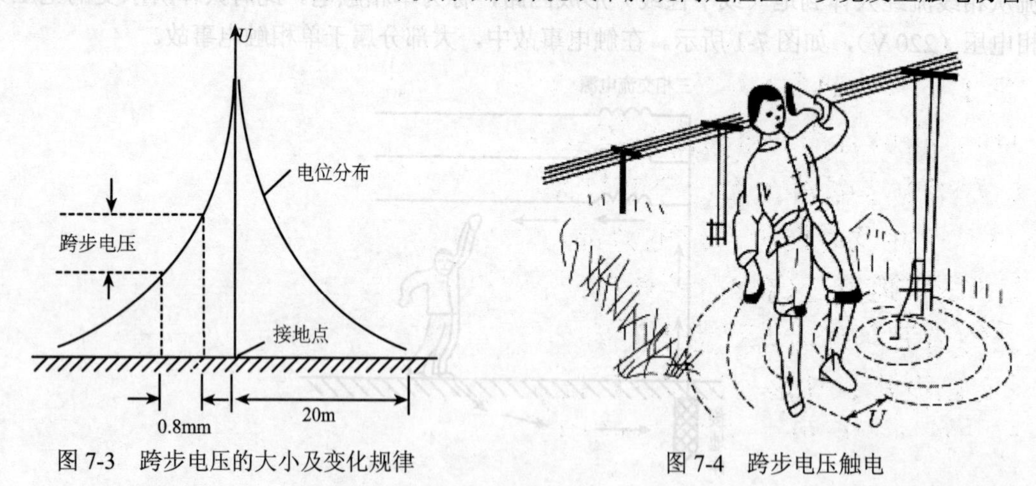

图 7-3　跨步电压的大小及变化规律　　　　图 7-4　跨步电压触电

触电造成事故的严重程度与以下几种因素有关。

（1）　人体的电阻。皮肤干燥时电阻大，皮肤潮湿、多汗、多损伤时电阻小；干燥时一般为 10 kΩ～100 kΩ。

（2）　电流与电压。加到人体上最终表现为通过人体电流的大小，据统计认为人体通过 50 mA 以下的电流一般不会造成电击，36 V 称为安全电压，若在潮湿场所及金属构架上工作，安全电压降至 24 V 或 12 V。

（3） 持续时间。持续时间长，危险性大。

（4） 触电电流的途径。电流通过头部会使人立即昏迷，若电流通过大脑，会对大脑造成严重损伤；电流通过脊髓会造成瘫痪；电流通过心脏会引起心室颤动，甚至心脏停止跳动。总之，以电流通过或接近心脏和脑部最为危险。

7.2 触电保护措施

电气设备由于绝缘老化、被过电压击穿或磨损，致使设备的金属外壳带电，将引起电气设备损坏或人身触电事故。为了防止这类事故的发生，最常用的简便易行的防护措施是工作接地、保护接地与接零。中性点不直接接地的三相三线制配电系统，电气设备宜采用接地保护；中性点直接接地的三相四线制配电系统，电气设备宜采用接零保护。

7.2.1 工作接地

在 380 V / 220 V 三相四线制供电系统中，由于运行和安全的需要，常将中性线连同变电器的外壳直接接地，如图 7-5 所示，这种接地方式称为工作接地。当某一相（如图中 W 相）相对地发生短路故障时，这一相电流很大，将其熔断器熔断，而其他两相仍能正常供电，这对于照明电路非常重要。如果某局部线路上装有自动空气断路器，大电流将会使其迅速跳闸，切断电路，从而保证了人身的安全和整个低压系统工作的可靠性。

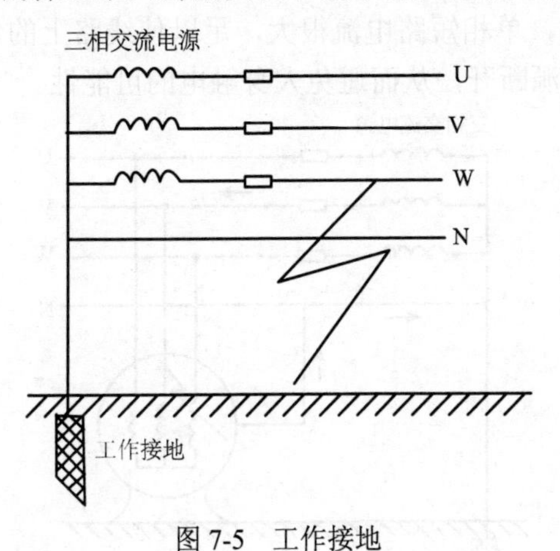

图 7-5 工作接地

7.2.2 保护接地

在中性点不接地的三相电源系统中，当接到这个系统上的某电气设备因绝缘损坏而使外壳带电时，如果人站在地上用手触及外壳，由于输电线与地之间有分布电容存在，将有电流通过人体及分布电容回到电源，使人触电，如图 7-6 所示。在一般情况下这个电流是不大的。但是，如果电网分布很广，或者电网绝缘强度显著下降，这个电流可能达到危险程度，这就必须采取安全措施。

保护接地就是把电气设备的金属外壳用足够粗的金属导线与大地可靠地连接起来。电气设备采用保护接地措施后，设备外壳已通过导线与大地有良好的接触，则当人体触及带电的外壳时，人体相当于接地电阻的一条并联支路，如图 7-7 所示。由于人体电阻远远大于接地电阻（一般小于 4 Ω），所以通过人体的电流很小，避免了触电事故。

保护接地应用于中性点不接地的配电系统中。

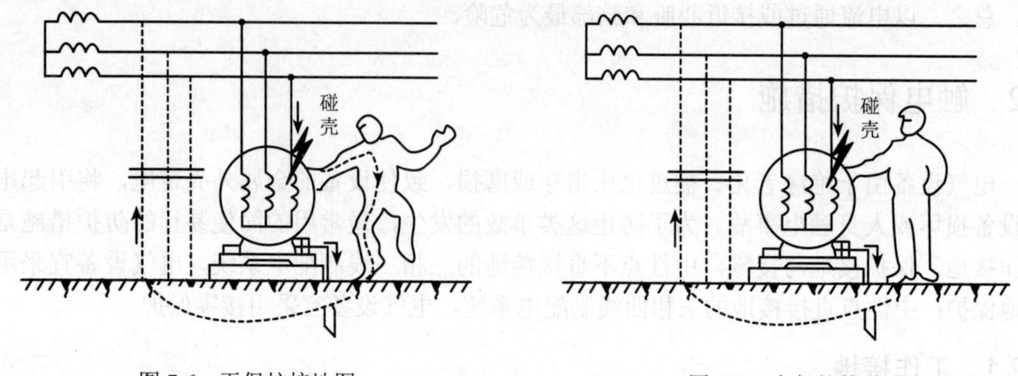

图 7-6　无保护接地图　　图 7-7　有保护接地

7.2.3　保护接零

保护接零（又称接零保护）就是在中性点接地的系统中，将电气设备在正常情况下不带电的金属外壳接到零线（或称中性线）上。图 7-8 是采用保护接零情况下故障电流的示意图。当某一相绝缘破损使相线碰壳，导致外壳带电时，由于外壳采用了保护接零措施，因此该相线和零线构成回路，单相短路电流很大，足以使线路上的保护装置（如熔断器）迅速动作，将漏电设备与电源断开，从而避免人身触电的可能性。

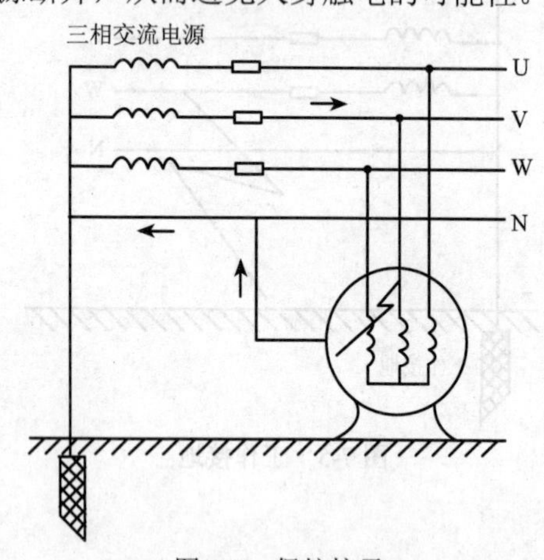

图 7-8　保护接零

保护接零用于三相四线制、380 V/220 V、电源的中性点直接接地的配电系统。在电源的中性点接地的配电系统中，只能采用保护接零。如果采用保护接地则不能有效地防止人身触电事故。

采用保护接地与保护接零时，应该注意以下几点。

（1）在同一供电系统中，不允许电气设备一部分保护接地，另一部分保护接零。否则，接地电气设备外壳带电后，若电流又小于熔断电流，不仅本身的外壳带有 0.5 V 电压，如 380 V/220 V 三相四线制配电系统中即为 110 V，此时整个中线也有 110 V 电压，其他接零的电气设备外壳均带 110 V 的电压，这是非常危险的。

（2） 中性点接地供电系统采用保护接零；中性点不接地配电系统采用保护接地，不能搞错。

（3） 采用保护接零时，零线上严禁装熔断器和开关，防止它们动作后，接零被破坏。保护接零的零线要重复接地。

（4） 接零、接地保护导线要粗，接点要可靠，接地电阻一般规定不超过 4 Ω。特殊重要设备对接地保护还需严格要求时，要单独处理，其接地电阻规定还要小。

7.2.4 电气安全技术

1．保证安全生产的技术措施

停电、验电、装设接地线、悬挂标示牌和装设遮拦。

2．常用低压配电系统名称，字母色

IT 系统，TT 系统，TN 系统（TN-C 系统，TN-S 系统，TN-C-S 系统），I 表示配电网不接地，T 表示电源系的一点直接接地，N 表示设备的外露导电部分与电源系统接地点直接与电气连接 S 表示中性导体和保护导体是分开的，C 表示中性导体和保护导体的功能合在一根导体上。

低压配电系统常用的字母色为：黄、绿、红、黑、黄/绿；黄、绿、红接的是火线，黑接的是零线，黄/绿接的是地线。

3．接零保护

接零保护线路图如图 7-9 所示。

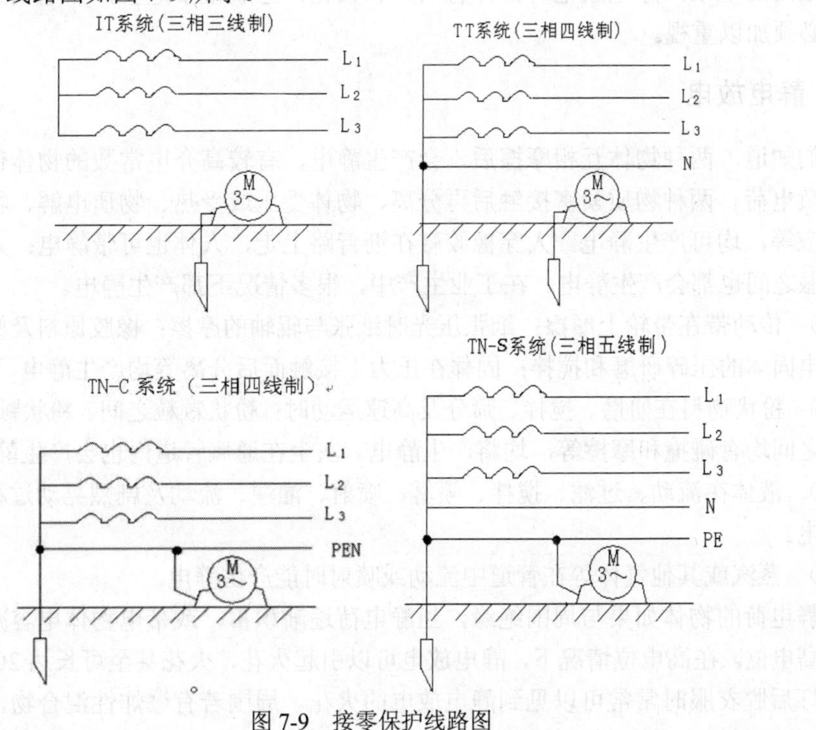

图 7-9 接零保护线路图

保护接零：设备金属外壳与保护零。

4. 防止直接接触电击的防护措施

绝缘、屏护、安全距离、安全电压、漏电保护装置等，如图 7-10 所示。

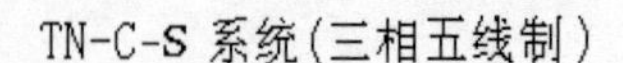

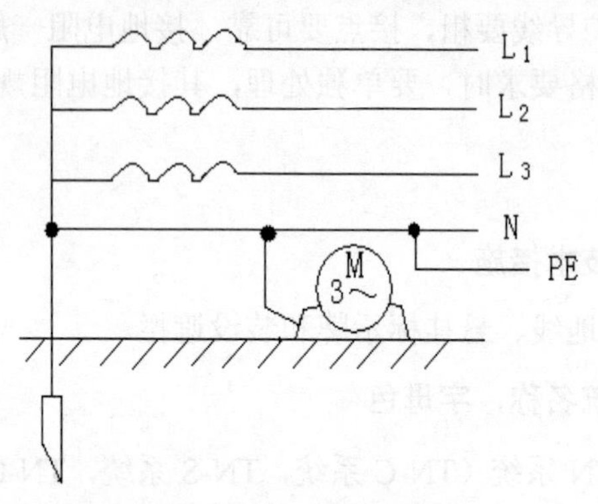

图 7-10　TN-C-S 系统电路图

7.3　静电放电及防护

生产和生活中常常有静电产生，静电技术在实际中有很多应用，如静电除尘、静电喷涂、静电植绒、静电复印等。静电是相对静止的电荷，生成静电荷后，静电在一定条件下将形成很高的电压，静电放电时常伴有响声和火花，造成很多危害，如电气火灾、爆炸事故等，必须加以重视。

7.3.1　静电放电

我们知道，两种物体互相摩擦后，会产生静电，有较高介电常数的物体带正电荷，较低者带负电荷。两种物质紧密接触后再分离、物体受压或受热、物质电解、物体受其他带电体感应等，均可产生静电。人穿橡胶鞋在沥青路上走，人体也可带静电；人与衣服、衣服与衣服之间也都会产生静电。在工业生产中，很多情况下都产生静电。

（1）传动带在带轮上摩擦；纸张压光时纸张与辊轴的摩擦；橡胶原料及塑料制品的压制；介电固体的压碎研磨和搅拌；固体在压力下接触而后分离等均产生静电。

（2）粉状物料在研磨、搅拌、筛分及高速运动时；粉状颗粒之间、粉状颗粒与管道壁、容器壁之间均有碰撞和摩擦等，均将产生静电。灰尘在通风管道内也会产生静电。

（3）液体在流动、过滤、搅拌、喷雾、喷射、灌注、流动及剧烈晃动过程中，也均会产生静电。

（4）蒸汽或其他气体等在管道中流动或喷射时能产生静电。

带静电荷的物体如果与周围绝缘，当静电荷逐渐积蓄，或带电物体电容减小时，都可能形成高电位。在高电位情况下，静电放电可以引起火花，火花甚至可长达 20 cm～30 cm，人在熄灯后脱衣服时常常可以见到静电放电的火花。周围若有爆炸性混合物，静电放电火花可以引起爆炸及火灾，例如500 V静电产生的火花，可使苯蒸气着火。

7.3.2 静电防护

防止静电引起爆炸及火灾，主要是尽量减小静电荷的产生和积蓄，具体措施有。

（1）带传动式，带上涂上增加导电性的润滑液，注意有一定的拉力，使皮带不在带轮上任意滑动（打滑）。

（2）液体与气体在管道内传输时，应用光滑管，并且流速要低些，倾倒和注入液体时防止飞溅，可把液体引到容器底部或沿器壁流下。

（3）增加液体导电度，例如注入某些其他溶液。

（4）最重要的措施是接地，使产生的静电荷迅速导入地中。凡用来加工、储存、运输各种易燃的液体、气体和粉料的设备等均应接地。凡在有爆炸危险场所内的金属设备均应接地，注油漏斗、工作台站、磅秤等辅助设备也应接地。工厂车间的氧气、乙炔管道必须连成一体并接地。

（5）汽车做油槽车行驶时，必须带有金属链条拖在地上来泄漏静电荷。

（6）人身体上的静电荷产生高电位，当人与设备接触，在手与设备之间也会有火花产生。因此在有爆炸危险的车间及其附近，地面也做成导电的。

7.4 防雷

防雷涉及到深广的理论和技术问题，本节仅做简要的介绍。

7.4.1 雷电及其危害

雷电是一种大气中带有大量电荷的雷云放电现象。这种放电，有时发生在云层与云层之间，有时发生在云层与大地之间（称为直击雷）。雷电的时间很短促，一般仅30 μs～100 μs，冲击电压高达数十至数百万伏，放电电流高达数百千安，放电温度可达两万摄氏度。放电瞬间出现耀眼的闪光和震耳的轰鸣。

此外，还存在雷电感应，它分为静电感应和电磁感应。静电感应，是雷云放电前在架空线路上或其他地面凸出物上感应出大量异性电荷，在雷云放电后，这些感应电荷失去束缚，以光速向线路两侧或凸出物四周运动，呈现很高的电压，幅值可达300～500 kV，称为感应过电压。电磁感应，是指放电时，巨大的雷电流在周围空间形成急速变化的强电磁场，在附近的金属导体上感应出很高的电压。

直击雷和雷电感应具有极大的破坏力，对电气设备和建筑物有很大的危害。

（1）电磁效应的危害：雷电的高电压、大电流将毁坏电气设备的绝缘，造成大面积、长时间的停电，引起火灾和爆炸，造成人身触电伤亡事故。

（2）热效应的危害：雷电流通过导体，在极短的时间产生巨大的热量，将烧熔导体（线路断股或断开）或引起火灾爆炸。

（3）机械效应的危害：雷电的静电作用力、电动力、雷击时的气浪都有破坏作用。

7.4.2 直击雷的防护

由于直击雷具有极大的破坏力，因此国家的重要设施，如电力系统（如控制室、机房、变配电站、高压线路等）、使用或储存危险物质的建筑物（如燃料仓库、火药库等）、重要的建筑物（如机场、车站等）、易受雷击的建筑物（高于19.7m的和旷野孤立的建筑物）等等，都必须采取防护措施。

防护直击雷的主要措施是安装避雷针、避雷线、避雷网、避雷带。这些避雷装置由接闪器、引下线和接地装置组成。高耸的针、线、网、带就是接闪器，它与雷云之间的电场强度高于附近地面被保护设施与雷云之间的电场强度，接闪器承受直接雷击，巨大的雷电流通过阻值很小的引下线和接地装置（≤10 Ω）泄入大地，使被保护设施免受直击雷。

7.4.3 雷电感应的防护

对于雷电感应的防护，在电力系统中应与其他过电压同样考虑；对具有爆炸危险的建筑物也应考虑，其他建筑物一般不考虑。

为了防止静电感应，对于金属屋顶的建筑物，应将屋顶妥善接地；对于钢筋混凝土屋顶，应将屋面钢筋焊成边长 6～12 m 的网格，连成通路并接地；对于非金属屋顶，应在屋顶上加装边长 6～12 m 的网格，并接地。建筑物内的金属设备、金属管道、结构钢筋等，均应接地，接地装置可与其他的接地装置公用，接地电阻不应大于 5～10 Ω。

为了防止电磁感应，金属管道或金属结构物相距小于 100 mm 时，应该用金属线跨接。

7.4.4 雷电侵入波的防护

当架空线路或管道遭受雷击时（雷电感应），将产生高电压。高电压将以波的形式沿着线路管道传到与之连接的设施上，称为雷电侵入波，危及设备与人身安全。

雷电侵入波的主要防护措施是装避雷器。避雷器装于被保护设施的引入端，避雷器上端接线路、下端接地。正常时，避雷器保持绝缘状态，不影响系统的运行；当雷电侵入波袭来时，避雷器的间隙击穿而接地，起保护作用；雷电侵入波通过后，避雷器的间隙又恢复绝缘状态。

7.5 电气火灾及预防

低压电力网导线及各种电气设备的绝缘材料都具有可燃性，一旦温度超过了它们的燃点，便会燃烧起来，并可能引起周围的易燃、易爆的物质燃烧或爆炸，造成火灾。

引起电气火灾的原因有很多，主要有：

（1） 电力网中的火灾大都是由短路引起的，短路发生在绝缘层损坏的地方。短路时导线中的电流剧增，产生的大量热量引起燃烧，甚至熔化金属导线。绝缘易损的地方多在两导线接触、导线穿墙、用金属物件连接导线接头等处，中性点接地的电气设备中由于一相或多相接地也会造成短路。

（2） 线路或电器设备长期超过负荷运行，电流长期超过允许电流，可能使线路上的导线绝缘燃烧，或可能使变压器及断路器的油温过高，在电火花或电弧作用下燃烧并爆炸。

（3） 导线接头处接触电阻过大，电器设备连续运行或过载时，该处过热引起燃烧。如电动机的启动器、电阻器、蓄电池、家用电器及电表等的导线与接线柱接触不良或虚接，时间一长该处不断打火，严重时烧毁绝缘、熔化接线柱引起火灾。

（4） 周围空间有爆炸性混合物或气体时，直流电动机换向器上的火花或静电火花都可能引起爆炸和火灾。

（5） 使用电器违犯国家规定，例如电炉、电烙铁等使用后忘记切断电源，时间长了可能引起火灾。

预防电气火灾的措施有两个方面。一方面是妥善处理电力网和电气设备周围的易燃易爆物料，使它们远离可能引起火灾的地方；按火灾危险性选择房屋的耐火度及设备的安装环境等。另一方面是消灭引起电气火灾的火源，根据以上分析造成火灾的主要原因，有针对性地加以防范，主要措施有：

（1） 根据使用场所条件，合理选择电气设备的型号，如防爆型、防潮型等。

（2） 电力网合理布线，采用规定的导线，规定的布线方法（明装、暗装）等，严格遵守规定的导线间距、穿墙方式、绝缘瓷瓶或套管等。

（3） 采用正确的继电保护措施，如短路保护、过流保护等。

（4） 导线、电器设备及保护电器等容量合适。

（5） 定期进行电力网、电力设备、线路、变压器油等绝缘检查、维修。

（6） 减小接触电阻。

（7） 监视电器设备运行情况，防止超负荷运行。

（8） 注重静电放电的预防。

（9） 加强日常维修及定期大修。

万一出现了电气火灾，首先要切断电源，然后灭火并及时报警。若不切断电源会扩大事故并造成救火者触电。

本章小结

（1） 用电设备的保护接地可避免电网中性点不接地的触电事故；用电设备的保护接零可避免电网中性点接地时的触电情况。但在同一低压配电网中（同一台变压器供电系统中），不允许将部分设备接零，部分设备接地。

（2） 使用电能，安全是十分重要的问题。了解一些安全用电和触电救护常识非常有用。节电就是节能，它可以使有限的能源发挥更大的效益，节约用电具有十分重要的意义。

练习题

（1） 什么情况下采用接地保护？什么情况下采用接零保护？同一配电系统是否可以同时采用这两种保护措施？为什么？

（2） 小容量的用电器，如洗衣机、电冰箱和电风扇等使用单相交流电源，为什么经常使用三脚插头？第三个插头与插孔应如何接线？

（3） 什么是静电？在哪些情况下能产生静电？怎样做静电防护？

（4） 谈谈雷电的危害，说明直击雷的防护措施。

（5） 如何预防电气火灾？

第8章　触电急救方法及法律法规

当触电者脱离电源后，应根据触电者的具体情况，迅速组织现场救护工作。要视触电者身体状况，确定护理和抢救方法。

人触电后不一定会立即死亡，出现神经麻痹、呼吸中断、心脏停跳等症状，外表上呈现昏迷的状态，此时要看作是假死状态，如现场抢救及时，方法得当，人是可以获救的。现场急救对抢救触电者是非常重要的。国外一些统计资料指出，触电后1分钟开始救治者，90%有良好效果；触电后12分钟开始救治者，救活的可能性就很小。这说明抢救时间是个重要因素。因此，争分夺秒，及时抢救是至关重要的。进行触电急救常识的宣传教育，和对与电气设备有关的人员进行触电急救培训是必要的。

8.1　救护方法

（1）触电者神志清醒，但有些心慌、四肢发麻、全身无力或触电者在触电过程中曾一度昏迷，但已清醒过来。应使触电者安静休息、不要走动、严密观察，必要时送医院诊治。

（2）触电者已经失去知觉，但心脏还在跳动、还有呼吸，应使触电者在空气清新的地方舒适、安静地平躺，解开妨碍呼吸的衣扣、腰带。如果天气寒冷要注意保持体温，并迅速请医生到现场诊治。

（3）如果触电者失去知觉，呼吸停止，但心脏还在跳动，应立即进行口对口（鼻）人工呼吸，并及时请医生到现场。

（4）如果触电者呼吸和心脏跳动完全停止，应立即进行口对口（鼻）人工呼吸和胸外心脏挤压急救，并迅速请医生到现场。应当注意，急救要尽快进行，即使送往医院的途中也应持续进行。

8.2　抢救过程中注意事项

（1）发生触电时，最重要的抢救措施是迅速切断电源，此前不能触摸受伤者，否则会造成更多的人触电。如果一时不能切断电源，救助者应穿上胶鞋或站在干的木板凳子上，双手戴上厚的塑胶手套，用干的木棍、扁担、竹竿等不导电的物体，挑开受伤者身上的电线，尽快将受伤者与电源隔离。在进行人工呼吸和急救前，应迅速将触电者衣扣、领带、腰带等解开，清除口腔内假牙、异物、粘液等，保持呼吸道畅通。

（2）不要使触电者直接躺在潮湿或冰冷地面上急救。

1．呼吸、心跳情况的判定方法

如触电者失去意识，救护人员应在最短的时间内判定伤者的呼吸、心跳情况。方法是：看触电者的胸部、腹部有无起伏动作；听触电者的口鼻处有无呼气声音；用手试测口鼻处有无呼气的气流，或用手指测试喉结旁凹陷处的颈动脉有无搏动。如果既没有呼吸，又没有颈脉搏动，可判定触电者呼吸、心跳停止。

2．气道通畅

凡是神志不清的触电者，由于舌根回缩和坠落，都可能不同程度堵住呼吸道人口处，使空气难以或无法进人肺部，这时就应立即开放气道。如果触电者口中有异物，必须首先清除，操作中要注意防止将异物推到咽喉深部。尽量使其头部向后仰，舌根随之抬起，气道通畅。

注意事项：禁止用枕头或其他物品垫在触电者头下，头部抬高前倾，会加重气道阻塞，而且会使得胸外心脏按压时流向脑部的血流减少，甚至消失。

3．口对口（鼻）人工呼吸

触电者仰卧，肩下可以垫些东西使头尽量后仰，鼻孔朝天。救护人在触电者头部左侧或右侧，一手捏紧鼻孔，另一只手掰开嘴巴（如果张不开嘴巴，可以用口对鼻，但此时要把口捂住，防止漏气），深吸气后紧贴其嘴巴大口吹气，吹气时要使他胸部膨胀，然后很快把头移开，让触电者自行排气。儿童只能小口吹气，以胸廓上抬为准。抢救一开始的首次吹气两次，即（一分钟 12 次，吹 2 秒停 3 秒）。

4．胸外心脏挤压法

让触电者仰面躺在平硬的地方，救护人员立或跪在触电者一侧肩旁，两手掌根相叠（儿童可用一只手），两臂伸直，掌根放在心口窝稍高一点地方（胸骨下 1/3 部位），掌根用力下压（向触电者脊背方向），使心脏里面血液挤出。成人压陷 3~4cm，儿童用力轻些，1~2cm，按压后掌根很快抬起，让触电者胸部自动复原，血液又充满心脏。胸外心脏按压要以均匀速度进行，每分钟 80 次左右。每次放松时，掌根不必完全离开胸壁。做心脏按压时，手掌位置一定要找准，用力太猛容易造成骨折、气胸或肝破裂，用力过轻则达不到心脏起跳和血液循环的作用。

5．心跳和呼吸是相关联的，一旦呼吸和心跳都停止了，应及时两种方法交替进行，跪在触电者肩膀侧面，每吹气 1～2 次，再按压 10～15 次。按压吹气一分钟后，应在 5～7 秒内判断触电者的呼吸和心跳是否恢复。如触电者的颈动脉已有搏动但无呼吸，则暂停胸外心脏挤压，而再进行 2 次口对口（鼻）人工呼吸，如脉搏和呼吸都没有恢复，则应继续坚持心肺复苏法抢救。在抢救过程中，在医务人员没有接替抢救前，不得放弃现场抢救。如经抢救后，伤员的心跳和呼吸都已慢慢恢复，可暂停操作。但不能麻痹，要随时做好再次抢救准备。

本章小结

本章主要介绍触电急救的措施和方法，了解触电急救所必须掌握的知识要点，而对于电工作业者，要熟悉相关的法律法规，才能更好地利用所学的技能为社会服务。

练习题

（1） 什么是人工呼吸？实施的方法步骤是怎样的？在什么情况下采用人工呼吸进行抢救？

（2） 什么是胸外心脏挤压法？实施的方法步骤是怎样的？在什么情况下采用胸外心脏挤压法进行抢救？

（3） 对于电工作业者，对应的法律法规有哪些？

实 训 篇

实训一　万用表的使用

一、实训目的

1. 万用表的工作原理。
2. 万用表的组成。
3. 万用表的使用。
4. 万用表测量电阻、电流、电压的正确方法。

二、实训原理

万用表又叫多用表、三用表、复用表，是一种多功能、多量程的测量仪表，一般万用表可测量直流电流、直流电压、交流电压、电阻和音频电平等，有的还可以测交流电流、电容量、电感量及半导体的一些参数（如β）。

1. 万用表的结构（500 型）

万用表由表头、测量电路及转换开关等三个主要部分组成。

（1）表头。

它是一只高灵敏度的磁电式直流电流表，万用表的主要性能指标基本上取决于表头的性能。表头的灵敏度是指表头指针满刻度偏转时流过表头的直流电流值，这个值越小，表头的灵敏度愈高。测电压时的内阻越大，其性能就越好。表头上有四条刻度线，它们的功能如下。第一条（从上到下）标有 R 或 Ω，指示的是电阻值，转换开关在欧姆挡时，即读此条刻度线。第二条标有∽和 VA，指示的是交、直流电压和直流电流值，当转换开关在交、直流电压或直流电流挡，量程在除交流 10 V 以外的其他位置时，即读此条刻度线。第三条标有 10 V，指示的是 10 V 的交流电压值，当转换开关在交、直流电压挡，量程在交流 10 V 时，即读此条刻度线。第四条标有 dB，指示的是音频电平。

（2）测量线路。

测量线路是用来把各种被测量转换到适合表头测量的微小直流电流的电路，它由电阻、半导体元件及电池组成。它能将各种不同的被测量（如电流、电压、电阻等）、不同的量程，经过一系列的处理（如整流、分流、分压等）统一变成一定量限的微小直流电流送入表头进行测量。

（3）转换开关。

其作用是用来选择各种不同的测量线路，以满足不同种类和不同量程的测量要求。转换开关一般有两个，分别标有不同的挡位和量程。

2. 符号含义

（1）∽ 表示交直流。

（2）V－2.5 kV 4000 Ω/V 表示对于交流电压及 2.5 kV 的直流电压挡，其灵敏度为 4000 Ω/V。

（3） A－V－Ω 表示可测量电流、电压及电阻。

（4） 45－65－1000 Hz 表示使用频率范围为 1000 Hz 以下，标准工频范围为 45 Hz～65 Hz。

（5） 2000 Ω/V DC 表示直流挡的灵敏度为 2000 Ω/V。

三、实训内容

1. 机械万用表

（1） 熟悉表盘上各符号的意义及各个旋钮和选择开关的主要作用。

（2） 进行机械调零。

（3） 根据被测量的种类及大小，选择转换开关的挡位及量程，找出对应的刻度线。

（4） 选择表笔插孔的位置。

（5） 测量电压：测量电压（或电流）时要选择好量程，如果用小量程去测量大电压，则会有烧表的危险；如果用大量程去测量小电压，那么指针偏转太小，无法读数。量程的选择应尽量使指针偏转到满刻度的 2/3 左右。如果事先不清楚被测电压的大小时，应先选择最高量程挡，然后逐渐减小到合适的量程。

（a） 交流电压的测量：将万用表的一个转换开关置于交、直流电压挡，另一个转换开关置于交流电压的合适量程上，万用表两表笔和被测电路或负载并联即可。

（b） 直流电压的测量：将万用表的一个转换开关置于交、直流电压挡，另一个转换开关置于直流电压的合适量程上，且“+”表笔（红表笔）接到高电位处，“-”表笔（黑表笔）接到低电位处，即让电流从“+”表笔流入，从“-”表笔流出。若表笔接反，表头指针会反方向偏转，容易撞弯指针。

（6） 测电流：测量直流电流时，将万用表的一个转换开关置于直流电流挡，另一个转换开关置于 50 μA 到 500 mA 的合适量程上，电流的量程选择和读数方法与电压一样。测量时必须先断开电路，然后按照电流从“+”到“-”的方向，将万用表串联到被测电路中，即电流从红表笔流入，从黑表笔流出。如果误将万用表与负载并联，则因表头的内阻很小，会造成短路烧毁仪表，其读数方法如下。

实际值＝指示值×量程 / 满偏

（7） 测电阻：用万用表测量电阻时，应按下列方法操作。

（a）选择合适的倍率挡。万用表欧姆挡的刻度线是不均匀的，所以倍率挡的选择应使指针停留在刻度线较稀的部分为宜，且指针越接近刻度尺的中间，读数越准确。一般情况下，应使指针指在刻度尺的 1/3～2/3 间。

（b）欧姆调零。测量电阻之前，应将两个表笔短接，同时调节“欧姆（电气）调零旋钮”，使指针刚好指在欧姆刻度线右边的零位。如果指针不能调到零位，说明电池电压不足或仪表内部有问题。并且每换一次倍率挡，都要再次进行欧姆调零，以保证测量准确。

（c）读数。表头的读数乘以倍率，就是所测电阻的电阻值。

（8） 注意事项。

（a）在测电流、电压时，不能带电换量程。

（b）选择量程时，要先选大的，后选小的，尽量使被测值接近于量程。

（c）测电阻时，不能带电测量。因为测量电阻时，万用表由内部电池供电，如果带电测量则相当于接入一个额外的电源，可能损坏表头。

（d）万用表用毕，应使转换开关在交流电压最大挡位或空挡上。

2. 数字万用表

现在，数字式测量仪表已成为主流，有取代模拟式仪表的趋势。与模拟式仪表相比，数字式仪表灵敏度高，准确度高，显示清晰，过载能力强，便于携带，使用更简单。下面以 VC9802 型数字万用表为例，简单介绍其使用方法和注意事项。

（1） 使用方法。

（a）使用前，应认真阅读有关的使用说明书，熟悉电源开关、量程开关、插孔、特殊插口的作用。

（b）将电源开关置于 ON 位置。

（c）交直流电压的测量：根据需要将量程开关拨至 DCV（直流）或 ACV（交流）的合适量程，红表笔插入 V / Ω 孔，黑表笔插入 COM 孔，并将表笔与被测线路并联，读数即显示。

（d）交直流电流的测量：将量程开关拨至 DCA（直流）或 ACA（交流）的合适量程，红表笔插入 mA 孔（＜200 mA 时）或 10 A 孔（＞200 mA 时），黑表笔插入 COM 孔，并将万用表串联在被测电路中即可。测量直流量时，数字万用表能自动显示极性。

（e）电阻的测量：将量程开关拨至 Ω 的合适量程，红表笔插入 V / Ω 孔，黑表笔插入 COM 孔。如果被测电阻值超出所选择量程的最大值，万用表将显示“1”，这时应选择更高的量程。测量电阻时，红表笔为正极，黑表笔为负极，这与指针式万用表正好相反。因此，测量晶体管、电解电容器等有极性的元器件时，必须注意表笔的极性。

（2） 使用注意事项

（a）被测电压或电流的大小，则应先拨至最高量程挡测量一次，再视情况逐渐把量程减小到合适位置。测量完毕，应将量程开关拨到最高电压挡，并关闭电源。

（b） 选择量程时，仪表仅在最高位显示数字“1”，其他位均消失，这时应选择更高的量程。

（c） 测量电压时，应将数字万用表与被测电路并联。测电流时应与被测电路串联，测直流量时不必考虑正、负极性。

（d） 当误用交流电压挡去测量直流电压，或者误用直流电压挡去测量交流电压时，显示屏将显示“000”，或低位上的数字出现跳动。

（e） 禁止在测量高电压（220 V 以上）或大电流（0.5 A 以上）时换量程，以防止产生电弧，烧毁开关触点。

（f） 当显示“BATT”或“LOW BAT”时，表示电池电压低于工作电压。

四、注意事项

（1） 在使用万用表之前，应先进行“机械调零”，即在没有被测电量时，使万用表指针指在零电压或零电流的位置上。

（2） 在使用万用表过程中，不能用手去接触表笔的金属部分，这样一方面可以保证测量的准确，另一方面也可以保证人身安全。

（3） 在测量某一电量时，不能在测量的同时换挡，尤其是在测量高电压或大电流时，更应注意。否则，会使万用表毁坏。如需换挡，应先断开表笔，换挡后再去测量。

（4） 万用表在使用时，必须水平放置，以免造成误差。同时，还要注意避免外界磁场对万用表的影响。

（5） 万用表使用完毕，应将转换开关置于交流电压的最大挡。如果长期不使用，还应将万用表内部的电池取出来，以免电池腐蚀表内其他元器件。

1. 欧姆挡的使用

（1） 选择合适的倍率。在欧姆表测量电阻时，应选适当的倍率，使指针指示在中值附近。最好不使用刻度左边三分之一的部分，这部分刻度密集很差。

（2） 使用前要进行调零。

（3） 不能带电测量。

（4） 电阻不能有并联支路，手不能触及被测元件两端引线。

（5） 测晶体管、电解电容等有极性元器件的等效电阻时，必须注意两支表笔的极性。

（6） 万用表不同倍率的欧姆挡测量非线性元器件的等效电阻时，测出电阻值是不相同的。这是由于各挡位的中值电阻和满度电流各不相同所造成的，机械表中，一般倍率越小，测出的阻值越小。

2. 万用表测直流时

（1） 机械调零。

（2） 选择合适的量程挡位。不同的挡位都要进行电阻调零。

（3） 使用万用表电流挡测量电流时，应将万用表串联在被子测电路中，因为只有串联连接才能使流过电流表的电流与被测支路电流相同。测量时，应断开被测支路，将万用表红、黑表笔串接在被断开的两点之间。特别应注意电流表不能并联接在被子测电路中，这样做是很危险的，极易使万用表烧毁。

（4） 注意被测电量极性。

（5） 正确使用刻度和读数。

（6） 选用直流电流的 2.5 A 挡时，万用表红表笔应插在 2.5 A 测量插孔内，量程开关可以置于直流电流挡的任意量程上。

（7） 如果被测的直流电流大于 2.5 A，则可将 2.5 A 挡扩展为 5 A 挡。方法很简单，使用者可以在“2.5 A”插孔和黑表笔插孔之间接入一支 0.24 Ω 的电阻，这样该挡位就变成了 5 A 电流挡了。接入的 0.24 Ω 电阻应选取用 2 W 以上的线绕电阻，如果功率太小会使之烧毁。

五、分析思考

数字表和指针表有什么不同。

六、实训报告

简述万用表的使用方法。

实训二　兆欧表的使用

一、实训目的

熟悉摇表的使用。

二、实训原理

被测电阻 R_X 接于兆欧表测量端子“线端”L 与“地端”E 之间。摇动手柄，直流发电机输出直流电流。线圈 1、电阻 R_1 和被测电阻 R_X 串联，线圈 2 和电阻 R_2 串联，然后两条电路并联后接于发电机电压 U 上。设线圈 1 电阻为 r_1，线圈 2 电阻为 r_2，则两个线圈上电流分别是：$I_1=U/(r_1+R_1+R_X)I_2=U/(r_2+R_2)$，两式相除得 $I_1/I_2=(r_1+R_1+R_X)/(r_2+R_2)$式中 r_1、r_2、R_1 和 R_2 为定值，R_X 为变量，所以改变 R_X 会引起比值 I_1 / I_2 的变化。由于线圈 1 与线圈 2 绕向相反，流入电流 I_1 和 I_2 后在永久磁场作用下，在两个线圈上分别产生两个方向相反的转距 T_1 和 T_2，由于气隙磁场不均匀，因此 T_1 和 T_2 既与对应的电流成正比又与其线圈所处的角度有关。当 $T_1 \neq T_2$ 时指针发生偏转，直到 $T_1=T_2$ 时，指针停止。指针偏转的角度只决定于 I_1 和 I_2 的比值，此时指针所指的是刻度盘上显示的被测设备的绝缘电阻值。当E端与L端短接时，I_1 为最大，指针顺时针方向偏转到最大位置，即“0”位置；当E、L端未接被测电阻时，R_X 趋于无限大，$I_1=0$，指针逆时针方向转到“∞”的位置。该仪表结构中没有产生反作用力距的游丝，在使用之前，指针可以停留在刻度盘的任意位置。

三、实训内容

1. 正确选用兆欧表，兆欧表的额定电压应根据被测电气设备的额定电压来选择。测量 500 V 以下的设备，选用 500 V 或 1 000 V 的兆欧表；额定电压在 500 V 以上的设备，应选用 1000 V 或 2500 V 的兆欧表；对于绝缘子、母线等要选用 2500 V 或 3000V 兆欧表。

2. 使用前检查兆欧表是否完好，将兆欧表水平且平稳放置，检查指针偏转情况：将 E、L 两端开路，以约 120 r/min 的转速摇动手柄，观测指针是否指到“∞”处；然后将 E、L 两端短接，缓慢摇动手柄，观测指针是否指到“0”处，经检查完好才能使用。

3. 兆欧表的使用

（1）兆欧表放置平稳牢固，被测物表面擦干净，以保证测量正确。

（2）正确接线，兆欧表有三个接线柱：线路（L）、接地（E）、屏蔽（G）。根据不同测量对象，作相应接线。测量线路对地绝缘电阻时，E 端接地，L 端接于被测线路上；测量电机或设备绝缘电阻时，E 端接电机或设备外壳，L 端接被测绕组的一端；测量电机或变压器绕组间绝缘电阻时先拆除绕组间的连接线，将 E、L 端分别接于被测的两相绕组上；测量电缆绝缘电阻时 E 端接电缆外表皮（铅套）上，L 端接线芯，G 端接芯线最外层绝缘层上。

（3）由慢到快摇动手柄，直到转速达 120 r/min 左右，保持手柄的转速均匀、稳定，一般转动 1 min，待指针稳定后读数。

（4）测量完毕，待兆欧表停止转动和被测物接地放电后方能拆除连接导线。

四、注意事项

摇表的使用注意事项

（1） 测量前先将摇表进行一次开路和短路试验，检查摇表是否良好，若将两连接线开路摇动手柄，指针应指在∞（无穷大）处，这时如把两连线头瞬间短接一下，指针应指在 0 处，此时说明摇表是良好的，否则不能使用；

（2） 应按设备的电压等级选择摇表，对于低压电气设备，应选用 500 V 摇表，若用额定电压过高的摇表去测量低压绝缘，可能把绝缘击穿；

（3） 测量绝缘电阻以前，应切断被测设备的电源，并进行短路放电，放电的目的是为了保障人身和设备的安全，并使测量结果准确；

（4） 摇表的连线应是绝缘良好的两条分开的单根线（最好是两色），两根连线不要缠绞在一起，最好不使连线与地面接触，以免因连线绝缘不良而引起误差；

（5） 在测量时，一手按着摇表外壳（以防摇表振动）。当表针指示为 0 时，应立即停止摇动，以免烧表；

（6） 测量时，应将摇表置于水平位置，左手按住表身，右手摇动兆欧表摇柄，由慢到快以每分钟大约 120 转的速度，如测量电动机绕组绝缘电阻不低于 0.5 MΩ；

（7） 在摇表未停止转动或被测设备未进行放电之前，不要用手触及被测部分和仪表的接线柱或拆除连线，以免触电；

（8） 如遇天气潮湿或测电缆的绝缘电阻时，应接上屏蔽接线端子 G（或叫保护环），以消除绝缘物表面泄漏电流的影响；

（9） 禁止在雷电或潮湿天气和在邻近有带高压电设备的情况下，用摇表测量设备绝缘；

（10） 测量完毕后，应将被测设备放电。

五、分析思考

用摇表测量电阻和用万用表测量电阻有什么不同？

六、实训报告

简述使用兆欧表测量电动机的绝缘电阻。

实验三　钳型电流表的使用

一、实训目的

会正确使用钳型表测量正在运行的电气线路的电流大小。

二、实训原理

钳型电流表是电工常用携带式仪表之一，是将可以开合的磁路套在载有被测电流的导体上测量电流值的仪表。由电流互感器和电流表组成，使用方便，无需断开电源和线路即可直接测量运行中电气设备的工作电流，便于及时了解设备的工作状况。

三、实训内容

（1） 测量前要机械调零。

（2） 选择合适的量程，先选大，后选小量程或看铭牌值估算。

（3） 钳口要闭合紧密，不能带电测量。

（4）当使用最小量程测量，其读数还不明显时，可将被测导线绕几匝，匝数要以钳口中央的匝数为准，则读数＝指示值×量程 / 满偏÷匝数。

（5） 测量时，应使被测导线处在钳口的中央，并使钳口闭合紧密，以减少误差。

（6） 测量完毕，要将转换开关放最大量程处。

四、注意事项

（1） 测量设备的绝缘电阻时，必须先切断设备的电源。对含有电感、电容的设备（如电容器、变压器、电机及电缆线路），必须先进行放电。非值班人员应办理相应的工作票方可工作。

（2） 摇表应水平放置，未接线之前，应先摇动摇表，观察指针是否在“∞”处。再将 L 和 E 两接线柱短路，慢慢摇动摇表，指针应在零处。经开、短路试验，证实摇表完好方可进行测量。

（3） 摇表的引线应用多股软线，且两根引线切忌绞在一起，以免造成测量数据不准确。

（4） 摇表测量完毕，应立即使被测物放电，在摇表未停止转动和被测物未放电之前，不可用手去触及被测物的测量部位或进行拆线，以防止触电。

（5） 被测物表面应擦试干净，不得有污物（如漆等）以免造成测量数据不准确。

五、分析思考

钳型电流表的使用与万用表测量电流有什么不同？

六、实训报告

项目		姓名		日期		得分	
钳型电流表型号				电动机型号			
正常工作状态电流（A）		U		V		W	
缺相运行状态电流（A）							
简述钳型电流表的基本操作方法：							

实训四　直流电路——验证叠加原理及戴维南定理

一、实训目的

（1）验证线性电路叠加原理的正确性，从而对线性电路叠加性和齐次性的认识和理解。

（2）掌握测量有源二端网络等效参数的方法，验证戴维南定理的正确性。

二、实训原理

（1）线性电路的齐次性是指当激励信号（某激励电源值）增大或减小 K 倍时，电路的响应（电路中电阻元件电压或某支路电流）也将增大或减小 K 倍。

有源二端网络等效参数的测量方法：

开路电压、短路电流法

在有源二端网络输出端开路时，用电压表直接测量其输出端的开路电压 U_{OC}，然后再将其输出端短路，用电流表测其短路电流 I_{SC}，则内阻为：

$$R_0 = \frac{U_{OC}}{I_{SC}}$$

（2）伏安法。

用电压表、电流表测出有源二端网络的外特性如图 A-1 所示，根据外特性曲线求出斜率 $\tan\phi$，则内阻

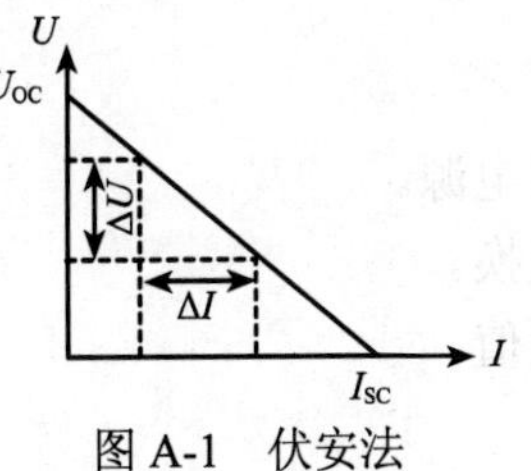

图 A-1　伏安法

$$R_0 = \tan\phi = \frac{\Delta U}{\Delta I} = \frac{U_{OC}}{I_{SC}}$$

用伏安法主要是测量开路电压及电流为额定值 I_N 时的输出电压 U_N，则内阻为：

$$R_0 = \frac{U_{OC} - U_N}{I_N}$$

注：若二端网络的内阻很低时，则不宜测其短路电流。

（3）半电压法。

如图 A-2 所示，当负载电压为被测网络开路电压一半时，负载电阻即为被测有源二端网络的等效内阻。

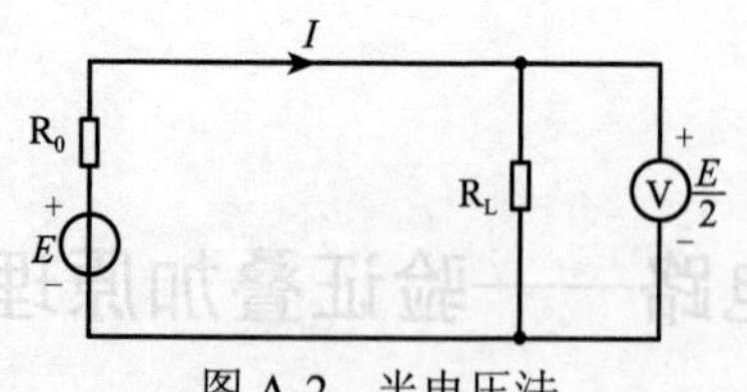

图 A-2　半电压法

（4）　零示法。

在测量具有高内阻有源二端网络的开路电压时，用电压表直接测量会造成大误差，为消除电压表内阻影响，往往采用零示测量法，如图 A-3 所示。当电压表读数为零时，稳压电源输出电压即为二端网络的开路电压。

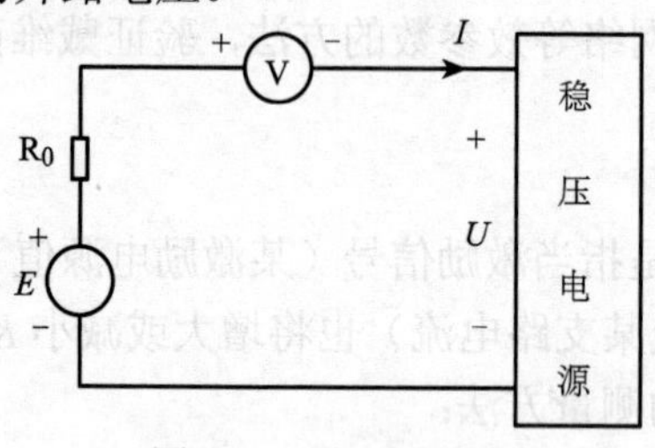

图 A-3　零示测量法

三、实训设备

（1）　直流稳压电源一台。
（2）　直流电压表一只、直流电流表一只、万用表一只。
（3）　电阻三只。
（4）　电流插座板一块、电流插头一个。

四、注意事项

（1）　改接线路时，必须关掉电源。
（2）　注意仪表量程的及时更换。
（3）　滑动变阻器均用固定阻值。

五、实训原理步骤

1.　验证叠加原理

按图 A-4 接线，接通已调好的直流电源上，图中 E_1=20 V，E_2=15 V；
令 E_1 电源单独作用，测量各支路电流与各段电压，填入表 A-1 中；
令 E_2 电源单独作用，再次测量各支路电流与各段电压，填入表 A-1 中；
令 E_1、E_2 共同作用，测量各支路电流与各段电压，填入表 A-1 中。

2.　验证戴维南定理

在图 A-4 的基础上去掉 R_3 支路、电流插座板，按图 A-5 接线后，测出 A、B 间电压即为二端网络的开路电压 U_{OC}，然后关掉电源，在 A、B 间串联一只电流表，测 A、B 间短路

电流 I_{SC}，将数据记在表 A-4。

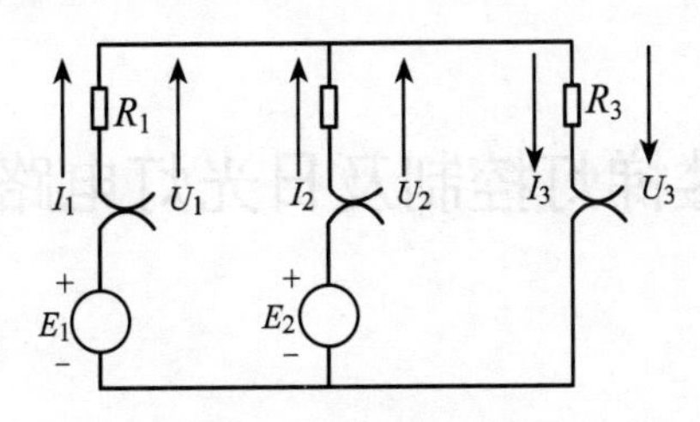

图 A-4 验证叠加原理

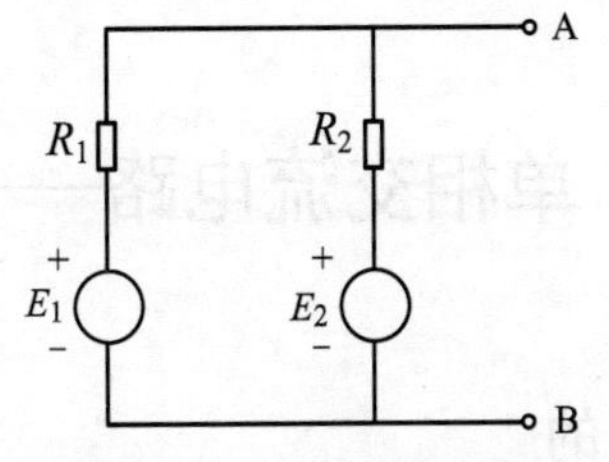

图 A-5 验证戴维南定理

六、实训原理报告

1. 叠加原理的验证

表 A-1 叠加原理验证表

测量值 / 条件	E_1 (V)	E_2 (V)	I_1 (A)	I_2 (A)	I_3 (A)	U_1 (V)	U_2 (V)	U_3 (V)
E_1单独作用								
E_2单独作用								
E_1 E_2共同作用								

2. 戴维南定理验证

表 A-2 戴维南定理验证表

I_3（表 2-1 第三行数据）	U_{OC}	I_{SC}	$R_O=\frac{U_{OC}}{I_{SC}}$	$I'_3=\frac{U_{OC}}{R_0+R_3}$

3. 思考题

（1） 叠加原理 E_1、E_2 单独作用时，可否直接将不作用的电源短接置零？

（2） 测有源二端网络开路电压和等效内阻有几种方法？试比较其优缺点。

实训五　单相交流电路——楼梯灯控制及日光灯电路的装接

一、实训目的

1. 了解日光灯电路的工作原理。
2. 加深理解感性负载电路中的电压和电流的关系。
3. 学会日光灯电路的装接。

二、实训原理

1. 日光灯的构造

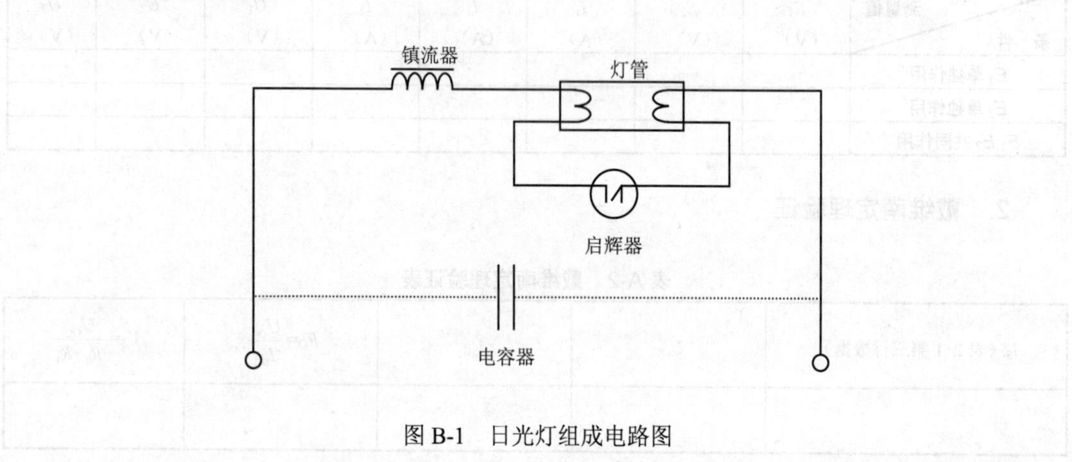

图 B-1　日光灯组成电路图

日光灯电路由灯管、镇流器、启辉器以及电容器等部件组成（见图 B-1），各部件的结构和工作原理如下。

（1）　灯管。

日光灯管是一根玻璃管，内壁涂有一层荧光粉（钨酸镁、钨酸钙、硅酸锌等），不同的荧光粉可发出不同颜色的光。灯管内充有稀薄的惰性气体（如氩气）和水银蒸气，灯管两端装有由钨制成的灯丝，灯丝涂有受热后易于发射电子的氧化物。

当灯丝有电流通过时，使灯管内灯丝发射电子，还可使管内温度升高，水银蒸发。这时，若在灯管的两端加上足够的电压，就会使管内氩气电离，从而使灯管由氩气放电过渡到水银蒸气放电。放电时发出不可见的紫外光线照射在管壁内的荧光粉上面，使灯管发出各种颜色的可见光线。

（2）　镇流器。

镇流器是与日光灯管相串联的一个元件，实际上是绕在硅钢片铁芯上的电感线圈，其感抗值很大。镇流器的作用是：①限制灯管的电流；②产生足够的自感电动势，使灯管容易放电起燃。镇流器一般有两个出头，但有些镇流器为了在电压不足时容易起燃，就多绕了一个线圈，因此也有四个出头的镇流器。

（3） 启辉器。

启辉器是一个小型的辉光管，在小玻璃管内充有氖气，并装有两个电极。其中一个电极用线膨胀系数不同的两种金属组成（通常称双金属片），冷态时两电极分离，受热时双金属片会因受热而变弯曲，使两电极自动闭合。

（4） 电容器。

日光灯电路由于镇流器的电感量大，功率因数很低，在 0.5～0.6 左右。为了改善线路的功率因数，故要求用户在电源处并联一个适当大小的电容器。

2. 日光灯的启辉过程

当接通电源时，由于日光灯没有点亮，电源电压全部加在启辉光管的两个电极之间，启辉器内的氩气发生电离。电离的高温使到“U”形电极受热趋于伸直，两电极接触，使电流从电源一端流向镇流器→灯丝→启辉器→灯丝→电源的另一端，形成通路并加热灯丝。灯丝因有电流（称为启辉电流或预热电流）通过而发热，使氧化物发射电子。同时，启辉光管两个电极接通时，电极间电压为零，启辉器中的电离现象立即停止，使“U”形金属片因温度下降而复原，两电极离开。在离开的一瞬间，使镇流器流过的电流发生突然变化（突降至零），由于镇流器铁芯线圈的高感作用，产生足够高的自感电动势作用于灯管两端。这个感应电压连同电源电压一起加在灯管的两端，使灯管内的惰性气体电离而产生弧光放电。随着管内温度的逐渐升高，水银蒸气游离，碰撞惰性气体分子放电，当水银蒸气弧光放电时，就会辐射出不可见的紫外线，紫外线激发灯管内壁的荧光粉后发出可见光。

正常工作时，灯管两端的电压较低（40 W 灯管的两端电压约为 110 V，20 W 的灯管约为 60 V），此电压不足以使启辉器再次产生辉光放电。因此，启辉器仅在启辉过程中起作用，一旦启辉完成，便处于断开状态。

三、实训设备

（1） 日光灯训练板一块。

（2） 电容器箱一个。

（3） 交流电流表一只。

（4） 万用表一块。

（5） 单相功率表一只。

（6） 电流插头一套。

（7） 开关一个。

（8） 导线若干。

四、实训内容及步骤

（1） 日光灯电路的安装。

（a） 首先按图 B-1 所示组装好日光灯，即把镇流器和启辉器插座接到灯管座上（说明：图 B-1 在前面日光灯的构造里）。

（b） 用验电笔识别交流电源的相线，日光灯断电后，将开关 S 及熔断器 FU 接在相线上。

（c） 日光灯灯管的引出线接在中性线上，镇流器的引出线接在开关上。

（d） 装上日光灯管和启辉器，接通电源，就可以点亮日光灯了。

（2） 按图 B-2 所示电路（启辉器没画）连接功率表及电流插头。

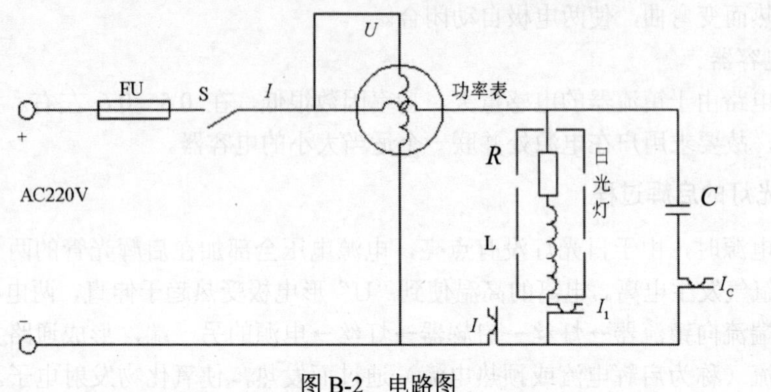

图 B-2 电路图

（3） 接通电源，在日光灯正常点亮后，测量各个量的大小，填入表 B-1 中。

表 B-1 测量结果

测量值					计算值
U/V	U_R/V	U_1/V	I/mA	P/W	COS Φ

五、注意事项

（1） 训练中必须注意安全，切不可与导线的裸露部分接触，以免发生人身事故。

（2） 单相功率表的电流线圈切不可与电源相并联，有"*"的端钮应在功率表上连接好后再连接到电源的相线上。

（3） 测量电流时，必须在日光灯点燃后接电流表后再将开关不断地断开和闭合，以免损坏电流表。

（4） 电容器从电路中拆除后必须先用导线短路放电，以免电容器的残留电压伤人。

六、分析思考

日光灯的工作原理。

七、实训报告

1. 简述日光灯的工作原理。
2. 总结接线、调试过程与体会。

实训六　三相异步电动机的点动和自锁控制

一、实训目的

1. 对鼠笼式三相异步电动机点动和自锁控制线路的接线，学会把电气原理图接成实际操作电路。

2. 分析三相异步电动机的 Y-Δ降压启动控制的原理和方法。

3. 熟悉三相异步电动机的 Y-Δ降压启动控制线路的接线方法。

二、实训原理

点动工作原理：如图 C-1 所示，合上开关 QS，按住按钮 SB（不放），线圈 KM 得电，常开触点 KM 闭合，电动机转动。放开按钮 SB，线圈 KM 失电，触点 KM 断开，电动机停止。

自锁控制原理：如图 C-2 所示，合上开关 QS，按下按钮 SB_2，KM 线圈得电，KM 辅助触点闭合，保证线圈连续得电并自锁，KM 主触点闭合，电动机连续运转。按下按钮 SB_1，KM 线圈失电，KM 触点断开，电动机停止运转。

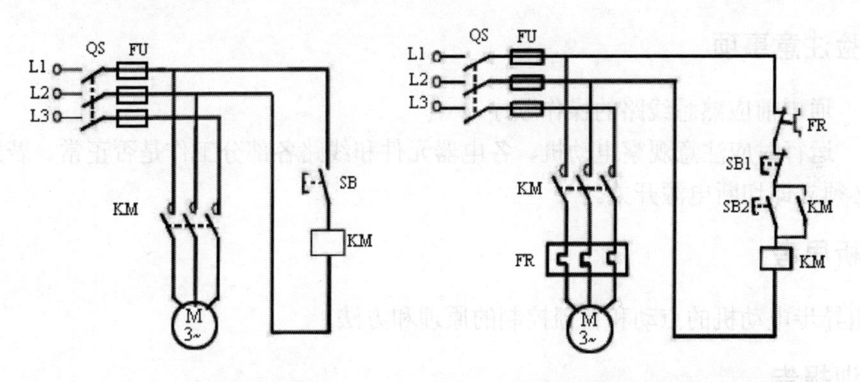

图 C-1　点动控制线路　　　　图 C-2　具有过载保护的自锁控制线路

三、实训设备

（1） 万用表一只。

（2） 兆欧表一只。

（3） 钳型电流表一只。

（4） 电工工具一套。

（5） 实训室电源及其他设备。

（6） 导线若干。

（7） 控制电路元件（如表 C-1 所示）。

表 C-1　所需电路原件

Q	电源开关	1
FU_1、FU_2	熔断器	5
SB_2、SB_1	启动、停止按钮	2
KM_1、KM_2、KM_3	交流接触器	3
KT	时间继电器	1
FR	热继电器	1
M	电动机	1
	导线	若干

四、内容及步骤

（1） 按明细表配齐并检查元件，FU_1 和 FU_2 分别接在主电路和控制电路中，用于短路保护。

（2） 根据三相异步电动机额定电流，选配导线。

（3） 图中的主电路和控制电路编号（L_1、L_2、…），并按编号在各电器元件和连接线两端上编号。

（4） 接至电动机的导线应穿软管加以保护，电动机外壳应装接地线。

（5） 检查：用兆欧表测量电路绝缘电阻，按电路图核查接线及端子编号，检查电路中的各种电器在启动和停止过程中的动作是否符合控制要求，是否安全、可靠。按前述有关内容再次核对主电路，无误后方可接通主电路电源，控制电动机运转。

五、实验注意事项

（1） 通电前应熟悉线路的操作顺序。

（2） 运行时应注意观察电动机、各电器元件和线路各部分工作是否正常。若发现异常情况，必须立即切断电源开关。

六、分析思考

三相异步电动机的点动和自锁控制的原理和方法。

七、实训报告

（1） 简述三相异步电动机点动和自锁控制线路的工作原理。

（2） 总结接线、调试过程与体会。

实训七　三相异步电动机正反转控制电路接线

一、实训目的

1. 通过对鼠笼式三相异步电动机可逆运转控制电路的接线，学会把电气原理图接成实际操作电路。

2. 学会分析正反转控制电路的原理和方法。

3. 能区别接触器联锁和按钮、按钮接触器双重联锁的不同接法，知道它们各自的功能。

二、实训原理

三相异步电动机正反转控制原理如图 D-1 所示。

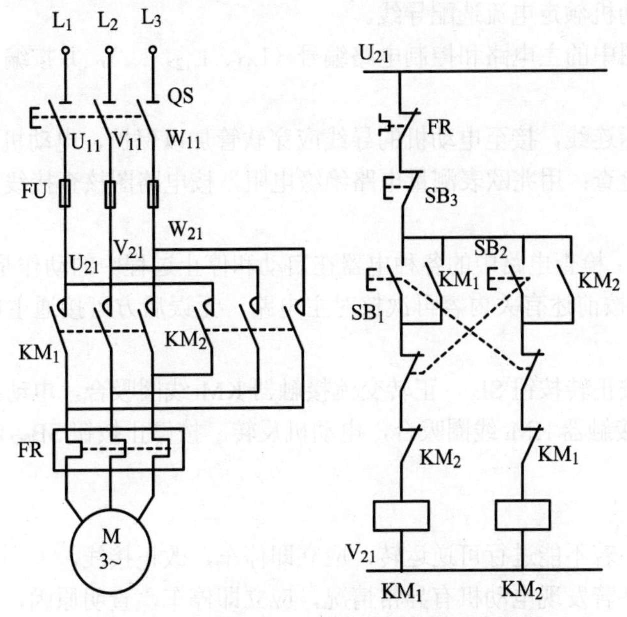

图 D-1　三相异步电动机正反转控制原理图

三、实训设备

（1）　万用表一只。

（2）　兆欧表一只。

（3）　钳型电流表一只。

（4）　常用电工工具一套。

（5）　实训室电源及其他设备。

（6）　导线若干。

（7） 控制线路元件（如表 D-1 所示）。

表 D-1 所需控制元件表

Q	电源开关	1
FU_1、FU_2	熔断器	5
SB_f、SB_r 、SB_{stp}	复合按钮（正、反、停按钮 ）	3
KM_f	正转交流接触器	1
KM_r	反转交流接触器	1
FR	热继电器	1
M	电动机	1
	导线	若干

四、实训内容及步骤

（1） 按元件明细表配齐并检查元件，FU_1 和 FU_2 分别接在主电路和控制电路中，用于短路保护。

（2） 根据电动机额定电流选配导线。

（3） 分别给图中的主电路和控制电路编号（L_{11}、L_{12}，…），并按编号在各电器元件和连接线两端上编号。

（4） 按图所示连线，接至电动机的导线应穿软管加以保护，电动机外壳应装接地线。

（5） 试车前检查：用兆欧表测量电路绝缘电阻，按电路图核查接线及端子编号，确保接线无误。

（6） 通电检查：检查电路中的各种电器在启动和停止过程中的动作是否符合控制要求，是否安全、可靠。按前述有关内容再次核对主电路，无误后方可接通主电路电源，控制电动机运转。

（7） 通电后按正转按钮 SB_f，正转交流接触器 KM_f 线圈吸合，电动机正转，按反转按钮 SB_r，反转交流接触器 KM_r 线圈吸合，电动机反转。按停止按钮 SB_{stp} 电动机停转。

五、注意事项

（1） 运行中，若不能进行可逆运转，应立即停车，改正接线。

（2） 运行中，若发现电动机有异常情况，应立即停车，查明原因，排除故障。

（3） 联锁触头不能接错，否则会出现二相电源短路故障。

六、分析思考

分析接触器联锁和按钮、按钮接触器双重联锁的不同接法和各自的功能。

七、实训报告

（1） 简述三相异步电动机正反转控制线路的工作原理。

（2） 总结接线、调试过程与体会。

实训八　三相异步电动机双重联锁控制电路的装接

一、实训目的

1. 通过对鼠笼式三相异步电动机双重联锁控制电路的接线，学会把电气原理图接成实际操作电路。

2. 学会分析双重联锁控制电路的原理和方法。

3. 能区别接触器联锁和按钮、按钮接触器双重联锁的不同接法，知道它们各自的功能。

二、实训原理

三相异步电动机双重联锁控制原理如图 E-1 所示。

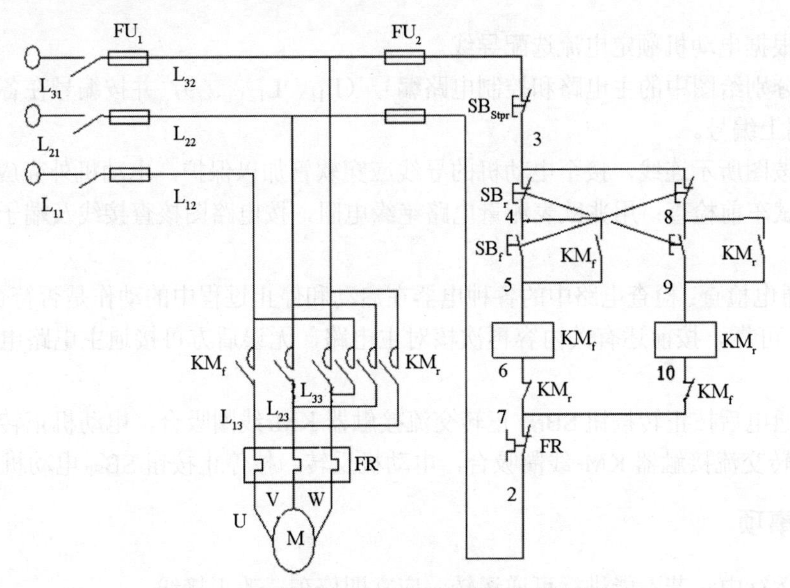

图 E-1　三相异步电动机双重联锁控制原理图

三、实训设备

（1）　万用表一只。

（2）　兆欧表一只。

（3）　钳型电流表一只。

（4）　常用电工工具一套。

（5）　实训室电源及其他设备。

（6）　导线若干。

（7）　控制线路元件（如表 E-1 所示）。

表 E-1 所需控制元件表

Q	电源开关	1
FU_1、FU_2	熔断器	5
SB_f、SBr 、SBstp	复合按钮（正、反、停按钮 ）	3
KM_f	正传交流接触器	1
KM_r	反转交流接触器	1
FR	热继电器	1
M	电动机	1
	导线	若干

四、实训内容及步骤

（1） 按元件明细表配齐并检查元件，FU_1 和 FU_2 分别接在主电路和控制电路中，用于短路保护。

（2） 根据电动机额定电流选配导线。

（3） 分别给图中的主电路和控制电路编号（L_{11}、L_{12}，…），并按编号在各电器元件和连接线两端上编号。

（4） 按图所示连线，接至电动机的导线应穿软管加以保护，电动机外壳应装接地线。

（5） 试车前检查：用兆欧表测量电路绝缘电阻，按电路图核查接线及端子编号，确保接线无误。

（6）通电检查：检查电路中的各种电器在启动和停止过程中的动作是否符合控制要求，是否安全、可靠。按前述有关内容再次核对主电路，无误后方可接通主电路电源，控制电动机运转。

（7） 通电后按正转按钮 SB_f，正转交流接触器 KM_f 线圈吸合，电动机正转，按反转按钮 SB_r，反转交流接触器 KM_r 线圈吸合，电动机反转。按停止按钮 SB_{stp} 电动机停转。

五、注意事项

（1） 运行中，若不能进行可逆运转，应立即停车，改正接线。

（2） 运行中，若发现电动机有异常情况，应立即停车，查明原因，排除故障。

（3） 联锁触头不能接错，否则会出现二相电源短路故障。

六、分析思考

分析接触器联锁和按钮、按钮接触器双重联锁的不同接法和各自的功能。

七、实训报告

（1） 简述三相异步电动机正反转控制线路的工作原理。

（2） 总结接线、调试过程与体会。